スッキリ！がってん！
燃料電池車の本

高橋 良彦［著］

電気書院

はじめに

　本書は，燃料電池車あるいは電気自動車を基礎から学んでみたいという読者のために書かれた本である．とにかく徹底的に原理的な事項を説明した．専門書が多くあるので，本書で基礎を理解できた読者は，今度は高度な専門書にトライしてほしい．

　気候変動に関する政府間パネル（IPCC：Intergovernmental Panel on Climate Change）の報告書[1]では，人類による化石燃料の使用が地球温暖化あるいは気候変動の主因と考えられ，地球の生態系への影響が心配されている．国土交通省のホームページ[2]によると，自動車等運輸部門の化石燃料の消費に起因する二酸化炭素等温室効果ガスの排出割合は非常に大きく，その削減が望まれている．自動車は公共交通機関がない地域では必須な要素となっており，なくすことはできない．そのため，化石燃料を使用しない自動車の開発が望まれている．

　バッテリー式電気自動車はすでに市販されている．バッテリー式電気自動車は，各種自然エネルギーからつくった電気を充電して走ることもできるため，その将来が期待されている．しかしながら，一充電当たりの走行距離が短く，まだ開発項目が多い．

　そのバッテリー式電気自動車の走行距離が短い欠点を補ったものが燃料電池車である．燃料電池車は，たとえば太陽光発電で得た電気を用いて水を電気分解して水素を生成し，その生成した水素をタンクに蓄えて走行する．水素も再生可能な自然エネルギーであるため，究極のクリーンビークルとよばれている．（注：燃料電池車も原理

的に電気自動車である）

　本書の第1編では，なぜ燃料電池車が登場したのかの歴史的位置付けについて，地球の生態系から説明を試みる．続いて，自動車への自然エネルギーの利用，初期の電気自動車の構成，燃料電池車の概略構造，燃料電池車のメリットとデメリットなどを説明する．初期の電気自動車としては，約100年前にポルシェ博士が開発したシリーズ・ハイブリッド電気自動車を取り上げる．それは，現在の燃料電池車の構成が，ポルシェ博士が考案したシリーズ・ハイブリッド電気自動車と基本的に同じであることが理由である．

　第2編では，燃料電池車の構造を具体的に説明する．内容は，燃料電池車のシステム構成，燃料電池の原理，各種バッテリーの原理，モータの原理，モータ駆動回路の原理などである．燃料電池車も基本的に電気自動車であるため，電気自動車の主要部品を説明している．

　第3編では，小型電気自動車競技会への出場を目的として，大学で製作している小型燃料電池車の説明を行う．燃料電池車に興味をもった学生諸君が勉強のために製作できるようにするためである．公道を走行できる市販の燃料電池車とは規模が大きく異なるが，実際に製作することで理解が深まることを期待している．

　本書が，さらに多くの専門書を読む動機付けとなり，電気自動車や燃料電池車などの最先端技術システムの研究開発技術者を目指していただけると，筆者の望外の幸せである．筆者の勉強不足で記述に不備がある場合はご叱責をお願いしたい．

2017年2月　高橋良彦

目　次

はじめに —— *iii*

1　燃料電池車ってなあに

1.1　まずは地球の生態系の話 —— *1*
1.2　自然エネルギーの利用 —— *15*
1.3　初期の電気自動車 —— *17*
1.4　燃料電池車のコンセプト —— *19*

2　燃料電池車の基礎

2.1　燃料電池車のシステム構成 —— *23*
2.2　燃料電池の原理 —— *29*
2.3　各種蓄電デバイスの代表的特性 —— *40*
2.4　各種蓄電デバイスの原理 —— *44*
2.5　直流モータの原理 —— *60*
2.6　直流モータを用いた駆動システムの計算例 —— *67*
2.7　直流モータの駆動回路 —— *74*
2.8　交流同期モータの原理 —— *86*
2.9　交流誘導モータの原理 —— *91*

2.10　インバータの原理——*95*
2.11　DC-DCコンバータの原理——*102*

3　燃料電池車の応用

3.1　小型燃料電池車の設計条件——*109*
3.2　小型燃料電池車の競技会——*111*
3.3　走行抵抗の計算——*117*
3.4　減速比と最高速度の計算——*120*
3.5　水素エネルギー・マネジメント——*124*
3.6　製作した小型燃料電池車——*127*

参考文献——*133*
索引——*138*
単語の英語訳——*144*
おわりに——*146*

燃料電池車ってなあに

1.1 まずは地球の生態系の話

 地球は生命の星とよばれている．約46億年前に誕生したが，最初はとても生物が棲めるような環境ではなかった．色々な好条件が重なり，最終的に多様な生物が棲める素晴らしい環境となった．しかしながら，人類はその環境を壊しはじめているのである．なぜそのようになってしまったのか，考察してみたい．地球の置かれている環境，地球の歴史，大航海時代，産業革命，地球温暖化・気候変動などを取り上げて，地球の生態系を考察してみる．

(i) 地球の置かれている環境

 地球の生態系の著書[3-6]を参考にして，地球の置かれている環境について本書に関係するところをまとめてみた．太陽系の中心には太陽がある．半径は約69万kmで莫大なエネルギーを周囲の空間に放出し続けている．地球の生物は，その太陽が放出したエネルギーで生命を維持している．太陽系には幾つかの惑星が属しているが，生命の誕生を可能にしたのは，地球だけのようである．図1・1に惑星の太陽からの距離と半径を示した．その好条件を以下に示してみる．

・地球は，太陽からの距離が約1.5億万km（1天文単位）
・地球は，半径が6 378 km

1 燃料電池車ってなあに

		太陽からの距離 (長半径)	赤道半径
海王星	○	45.044 億万 km	24 764 km
天王星	○	28.750 億万 km	25 559 km
土星	○	14.294 億万 km	60 268 km
木星	○	7.783 億万 km	71 492 km
火星	○	2.279 億万 km	3 396 km
地球	○	1.496 億万 km	6 378 km
金星	○	1.082 億万 km	6 052 km
水星	○	0.579 億万 km	2 440 km
太陽			696 000 km

図 1・1　惑星の太陽からの距離と半径 [4, 5]

1.1 まずは地球の生態系の話

図 1・2 に太陽に近い惑星の太陽からの距離を示した．太陽から地球までの距離 1.5 億万 km を 1 天文単位とよぶ．地球は太陽からの距離が最適であり，その結果，太陽エネルギーの強さが最適となっており，生命の維持に最適な温度条件が形成されやすくなっている．たとえば，水星は約 0.4 天文単位と地球より太陽に近いため灼熱地獄であり，火星は約 1.5 天文単位と地球より遠いため寒冷地獄となっている．とても地球型の生物は生存できそうにない．

一方，ニュートンはリンゴが落ちるのをみて，引力を説明したといわれている．リンゴは落ちたというよりも，地球に引き寄せられていたのである．つまり，地球とリンゴは引力により引き合っていたのである．引き合う強さは質量が大きいほど大きい．地球の半径は 6 378 km と太陽に近い惑星の中ではもっとも大きく，大きな引力をもっている．そのため，各種ガスや水蒸気の分子が地球に引き付けられ，宇宙へ失われずにすみ，生命の母体である海洋や大気が生まれて維持されてきた．

つまり，地球は太陽から絶妙な距離にあり，また半径が大きいため，生命のすめる環境となっていたのである．そのため，生命の星

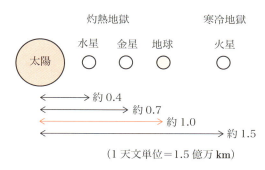

図 1・2 地球は最適な温度環境

1 燃料電池車ってなあに

物質を引き合う引力は質量に比例
半径が大きいほど引力が大きく,色々な物質が宇宙空間に散逸しない

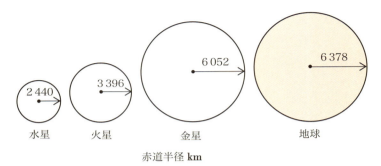

図1・3 太陽に近い惑星の半径

とよばれている.今回,太陽と地球の距離そして地球の大きさのみで話を進めた.実際には,さらにほかの要因もあるため,詳しくは文献[3-6]を読んでほしい.

(ii) 地球の歴史

太陽との位置関係や地球の大きさなど,絶妙な条件が現在の生物が生命を維持できる素晴らしい環境を与えてくれた.しかし,最初から生物が生命を維持できるような環境が与えられていた訳ではない.長い時間をかけてさまざまな変化が地球上で起こり現在の素晴らしい環境が与えられた.文献[5,6]を基に,代表的なトピックスを並べてみると図1・4のようになる.

約46億年前に地球が誕生した.太陽系は星くずを材料にできあがり,そのうち太陽にならなかった残りのガスやちりなどの太陽の残りかすから地球ができた.地球のまわりにあった微惑星は地球に衝突して次第に地球に取り込まれていった.微惑星の衝突する回数が

1.1 まずは地球の生態系の話

(約46億年前)	地球が誕生
(約45億年前)	海ができる
(約45から40億年前)	大陸ができる
(約5億4000万年前)	肉食動物が出現,植物が陸地に広がる
(約1000万から約260万年前)	我々の先祖である二足歩行する人類が登場
(約1万年前)	農耕がはじまる
(約200年前, 18世紀)	イギリスの産業革命 人類がエネルギーを大量に消費しはじめる
(現在)	気候変動,温暖化などにより, 地球環境が急激に変わりはじめる

図1・4 地球の歴史[5, 6]

減少し,地表が少しずつ冷えていき,雨が地上に降りはじめて,海ができた.その後,軽い岩石が浮き出て,大陸ができた.

およそ5億4 000万年前,生物が爆発的に増えた.肉食動物が現れて生物が多様化した.植物は進化とともに少しずつ水辺から離れて,内陸に広がっていった.

約1 000万年前ごろから大地に山脈ができ,草原が発達してきた.そのような環境変化があったころ,類人猿の中から,木から下りて二本足で歩きはじめる人類が登場した.

1 燃料電池車ってなあに

　長く人類は，狩猟をしたり果実などを採集したりして生活していた．しかし，厳しい気候変化であっても食料を安定して確保する必要性が生じて，農耕を考え出した．人類は農耕によって食料を安定して得ることができるようになった．農耕のはじまりは，人類の長い歴史の中でも極めて画期的なできごとだった．

　農耕により，ひとりで何人分もの食料をつくることが可能となった．そのため，農耕以外の仕事をする人を養うことができるようになり，農地のそばに定住して，集落を形成した．農耕の規模が大きくなると，多くの人が手分けして作業する必要に迫られ，全体を取りまとめる指導者が現れた．さらに，農具や衣服をつくる者なども現れた．こうして社会的な分業がはじまり，文明が発展していった．

　約200年前（18世紀）になるとイギリスで産業革命がはじまり，石炭などの化石エネルギーを大量に消費するようになった．化石燃料を燃やすことで発生する二酸化炭素などの温室効果ガスが増えはじめた．その結果，気候変動や温暖化などにより地球環境が激変しはじめた．

　化石燃料は，動植物が地下に堆積され，何億年という気の遠くなるような長い年月をかけてつくられたものである．化石燃料を人類が使い始めたのは，約200年前，イギリスの産業革命のときである．図1・5に46億年と200年の比較を示した．比率を計算するとほぼゼロである．

　つまり，膨大な時間をかけてつくられた化石燃料を人類は点のような短い時間で使い切ってしまおうとしている．化石燃料は使い切り燃料であり，再生可能ではない．

　化石燃料の枯渇が心配されはじめ，50年後になくなるかもしれない，という人もいる．50年なんてまだ先のことという人もいる．し

1.1 まずは地球の生態系の話

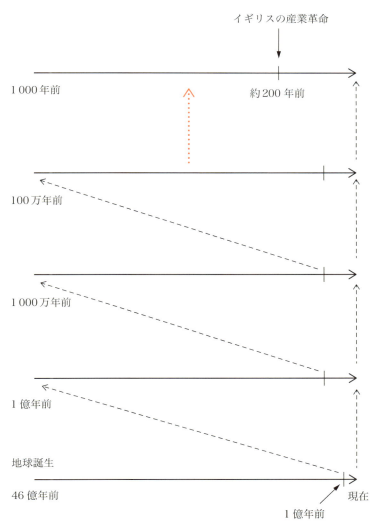

図1・5　46億年と200年の比較

1 燃料電池車ってなあに

かし,何億年という長い時間でできた使い切り燃料を人類はあっと言う間に使い果たそうとしている.この点は,深く記憶に留める必要がある.

(iii) 大航海時代から産業革命

グローバル化のはじまりは大航海時代である.大航海時代は,産業革命あるいは地球温暖化にも大きく関係している.文献[7-14]を基に,大航海時代から産業革命まで概略のまとめを行った.

15世紀ごろは,アジアの農業や産業(手工業)が優れており,ヨーロッパ人にはアジアが憧れの地であった.約800年と長く続いたイベリア半島での戦争が終結すると,まずポルトガルとスペインがアジア方面へと大航海をはじめた.初期の航海は,乗組員の生還率は非常に低く大変危険なものであった.しかしながら,無事に帰国すると貧者や下層民であっても一夜にして王侯貴族に匹敵するほどの富と名声が得られた.

そのため,ヨーロッパ中に大航海ブームが到来した.ポルトガルやスペインに遅れてイギリスやフランス,オランダなども盛んに海外へと進出し,次第に先行していたポルトガルとスペインを追い越していった.大航海によりヨーロッパ諸国は広大な植民地を有する強国へと発展していった.図1・6に,大航海時代の帆船を模した観光船の写真を示した.筆者が,ポルトガルの第二の都市であるポルトで撮影したものである.

時代を経ると,アジアでの生産品の模倣品を徐々にヨーロッパでも生産しはじめるようになった.これが初期の産業革命のはじまりである.最初は,家庭内での手工業であったが,生産性を高めるため,自然エネルギーである木や河川の水力を利用する工場を運営しはじめた.しかしながら,自然エネルギーを利用しているとどうし

1.1 まずは地球の生態系の話

図1・6 大航海時代の帆船を模した観光船
(ポルトガル・ポルトにて筆者撮影)

ても地域に依存することとなる．地域に依存せず，またさらに生産性を高めるため，化石燃料である石炭が使われた．石炭を燃料とする蒸気機関も開発され，産業革命は大きく発展していった．

本格的な産業革命は，いくつかの有利な条件を有していたイギリスではじまった．イギリスは国内に膨大で良質な石炭の炭鉱を有していた．また，その石炭を運ぶ運河を有していた．さらに，周囲を海で囲まれていたので，強力な海軍と広大な植民地を有していたため，植民地から原料を確保して，加工品をその植民地に販売することができた．

産業革命により，人々の生活は向上し，人口が爆発的に増大した．現代社会の豊かな生活の基礎が築かれたといっても過言ではない．人類にとっては，農業の発明に続く，極めて重大な発明となった．

技術的には，ジェームス・ワットの蒸気機関が有名である．ワットは，1769年に改良蒸気機関の特許を取得している．最初，トーマ

1 燃料電池車ってなあに

ス・ニューコメンにより蒸気機関が発明された．その後，ワットにより改良がなされ，石炭使用量が従来の四分の一になったとのことである．ワットにより改良された蒸気機関はあらゆるところで使用されるようになり，産業革命をおおいに支えた．

その当時，石炭は無尽蔵と思われ，また地球の生態系への悪影響はだれも想像すらしなかった．何事にも，いいことと悪いことがある．産業革命は，人類の生活を格段に向上させたが，地球の環境に影響を与えることとなった．今になって，その影響が大きな議論となっている．なんとしても，その悪影響を取り除きたい．

(iv) 地球温暖化

気候変動に関する政府間パネル（IPCC）の報告書[1]では，人類による化石燃料の使用が地球温暖化あるいは気候変動の主因と考えられている．地球上の生物は，太陽のエネルギーをもらうことで生命を維持できている．これまで説明したように，ほかの惑星にはない絶妙ともいえる好条件が重なった結果である．しかし，生物が生命を維持できる素晴らしい環境は，最初からもたらされたのではなく，非常に長い時間をかけてつくられた．一方，化石燃料は生物が地中に堆積して何億年という時間をかけてつくられた．一度使うと再生できない使い切りの燃料である．また，その化石燃料は燃やすと地球温暖化や気候変動の原因となる温室効果ガスを排出する．

約200年前にはじまった産業革命は人類の生活を格段に向上させた．産業革命では，化石燃料を使った蒸気機関が活躍した．何事にもいいことと悪いことがある．その当時は，化石燃料を燃やした際に出る排出ガス（温室効果ガス）が地球温暖化や気候変動を引き起こすと思われていなかった．地球の生態系を良好に維持するためには，化石燃料の使用を極力減らし，温室効果ガスを減らす必要がある．

1.1 まずは地球の生態系の話

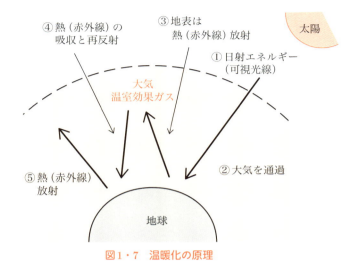

図1・7 温暖化の原理

ここでは，文献[1-4]を基に，地球温暖化あるいは気候変動とはどのようなことなのか少し復習してみたい．図1・7に温暖化の原理を示した．

・太陽から届く日射エネルギー（可視光線）は，大気を通過して地表で吸収される．
・加熱された地表面は熱（赤外線）放射する．
・このとき，大気には温室効果ガスがあり，大気によって吸収された熱の一部は再び放射されるので，日射エネルギーに加える形で地表が温められる．これが温暖化の原理である．

図1・8に温暖化ガスの濃度の影響を示した．この大気によって再び温められる程度は，大気中の二酸化炭素などの温室効果ガスの濃度に依存する．濃度が適正であれば，気温も適正となる．しかし，濃度が高ければ温度上昇が激しくなる．逆に，濃度が低ければ温度

1 燃料電池車ってなあに

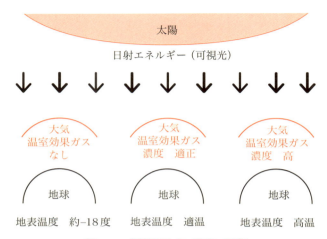

図1・8 温室効果ガス濃度の影響

は上がらない．もし，温室効果ガスがない場合には，地表は約−18度となり，作物は育たなくなる．

筆者はよく小学校に呼ばれて，理科教室を行っている．その教室では，地球温暖化のお話を行い，続いて全員にミニチュア・ソーラーカーを走らせる簡単な実習を行っている．模型のソーラーカーといえど，小学生たちにとっては，とても興味深い教室のようである．

講義の途中でいくつかの質問を行っている．その中で，温暖化は「いいことなのか」あるいは「悪いことなのか」と質問している．それに対する回答は，たとえば30名のクラスだとほとんどが「悪いこと」に，そして数名が「いいこと」に挙手する場合が多い．クラスによっては，全員が「悪いこと」に挙手する場合もある．テレビのニュースで温暖化は悪いことといわれているので小学生もそのように思うのであろう．挙手のあとに，温室効果ガス濃度の影響を説明

1.1 まずは地球の生態系の話

している.

　もし温室効果ガスがなくて温暖化が起こらなければ，地表の温度は約−18度程度になる．作物が育つ温度ではないので，我々人類も生存は難しいであろう．つまり，実は，温暖化は我々にどうしても必要なものなのである．ただし，その程度が問題であり，現在は過度の温暖化となっている．少数ではあるが，しっかりと地球温暖化を勉強して温室効果ガス濃度の影響のことも知っている小学生もいる．そのような小学生が増えることを期待する．

　図1・9に地球の平均気温の変化（予想含む）を示した．18世紀の産業革命以降に急激に増加していることがわかる．また図1・10に二酸化炭素の経年変化を示した．こちらも急激に増加していることがわかる．

　過去に地球は氷河期を迎えたり，温暖化したりした歴史をもっている．そのため，今回も問題ないという人もいる．しかし，変化の速さに注目してほしい．約200年間という非常に短期間で環境は大きく変化している．生物は世代交代により環境に順応してきた．しか

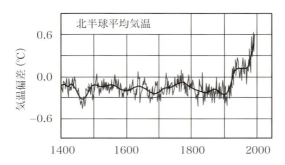

出典：内嶋,〈新〉地球温暖化とその影響, 図4-4を書換え

図1・9　地球の平均気温の経年変化

1 燃料電池車ってなあに

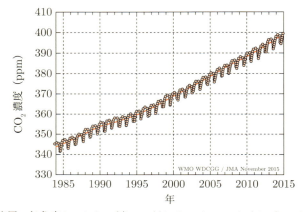

出展：気象庁ホームページ(http://ds.data.jma.go.jp/ghg/kanshi/ghgp/co2_trend.html)

図1・10 地球全体の二酸化炭素濃度の経年変化

しながら，とても人類が世代交代で対応できる程長い時間ではない．

約80年前に，温室効果ガスによる地球温暖化を予想していた日本人がいた．一般的には詩人・童話作家として知られる宮沢賢治である．グスコーブドリの伝記では，温暖化が話の中心になっている．宮沢は単なる想像でこの小説を書いたわけではなかったようである．盛岡高等農林学校（現在の岩手大学農学部）を卒業して花巻農学校の教師となっており，科学の素養があった．よく水沢緯度観測所（現在の国立天文台・水沢VLBI観測所）に足を運び，科学的な資料調査をしていたようである．興味がある方は，宮沢賢治の著書[13]の一読とビデオ[14]の視聴をお勧めする．

1.2 自然エネルギーの利用

では,どのようにすれば,自動車への化石燃料の使用をやめることができるのだろうか? その一つの答えは自然エネルギーの利用である.太陽光や風力で発電した電気を利用して生活できれば,化石燃料を使わずにすむ.また自動車もその自然エネルギーで発電した電気を充電して走ればよい.ここでは,自然エネルギーのみを使って自立した生活をしている,ある家庭を紹介する[15].

筆者が訪問したのは,スペイン北東部のフランスとの国境近くの都市パンプローナから35 km程度北上したピレネー山脈のふもとの農村Arratsである.フランスから西スペインの都市サンティアゴ・デ・コンポステーラまでの約800 kmの巡礼路は世界的に有名な観光地となっている.パンプローナはその出発地として有名である.

Arratsは600 m程度と少し標高が高いため,筆者が訪れた三月末でも日中の最高気温は数度であった.この農村の人々は,農家民

図 1・11　ピレネー山脈(筆者撮影)

1 燃料電池車ってなあに

図1・12　三階建ての家（筆者撮影）

発電タワー

図1・13　太陽光発電施設（筆者撮影）

宿をしながら生活していた．注目すべきは，電気はすべて太陽光と風力の自家発電，暖房の燃料は木，水はピレネー山脈からの雪解け水を使っていたということである．生活上，とくに，不便はないといっていた．実際，筆者が滞在しても，不自由はなかった．

図1・11にはふもとに大量の雪解け水をもたらすピレネー山脈を示した．図1・12には石を積み上げた三階建ての家を示した．一階が応接間，二階が客室，三階が家族の部屋となっていた．図1・13には太陽光発電施設を示した．

すばらしい自然志向の家庭ではあったが，車はまだガソリン車を使っていた．将来的に，電気自動車の使用を期待したい．日本の農村地帯とはまた異なったのどかな山村であるため，もし興味があれば訪問をお勧めする[15]．

1.3　初期の電気自動車

一般の方は，電気自動車の方がガソリン車より早く開発されたと聞くと驚くと思う．しかし，電気自動車の方が早く開発されていたのである．日本ではまだ江戸時代末期の1840年代には，道路を走行できる電気自動車が登場し，その後一世を風靡した．その当時は，馬車が主流であり，静粛でクリーンな乗り物が望まれ，内燃機関の騒音，振動そして悪臭は好まれなかった．また，内燃機関の制御が難しかった．

ただし，その当時の電気自動車は1充電当たりの走行距離が極端に短く，実際の運用は困難だったようである．そのうち，内燃機関の開発が進んでいくと，徐々に内燃機関の自動車へと世の中は変わっていった．1908年にはアメリカのフォードモーター社がガソリン車T型フォードを発売した．価格や走行距離で格段の差が出て，電気

1 燃料電池車ってなあに

図1・14 フェルディナント・ポルシェ博士が開発したローナー・ポルシェ[19]

自動車は負けていった.

　初期の電気自動車において注目する技術があった. フェルディナント・ポルシェ博士が開発し, 1900年のパリ万博で発表されたローナー・ポルシェ・シリーズである. 図1・14に写真[19]を示した. この当時はまだ馬車の時代のため, 馬車と同じような構成となっており, ドライビング・ポジションが高い. また, 屋根がない.

　文献[19]を基に, ローナー・ポルシェの構成を再現し, 図1・15に示した. これはMercedesのガソリン・エンジン車をベースにして開発された. 20馬力4サイクル・エンジンで21 kWの直流モータを回転させている. 駆動モータは2個使い, 前輪をそれぞれ駆動している. モータは, フォイールの中に組み込まれている. 現在のインフォイール・モータと同じである. モータ・コントローラは車体の中央に配置している.

　ガソリン・エンジンで得られたエネルギーを直流モータ(ダイナモ)によって電気エネルギーに変え, 駆動モータを回転させている.

1.4 燃料電池車のコンセプト

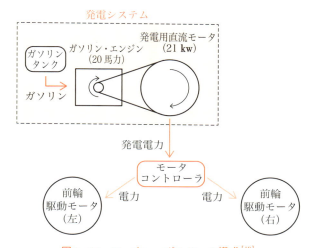

図1・15　ローナー・ポルシェの構成[19]
（内燃機関を用いて発電し，その発電した電気で走行するシリーズ・ハイブリッド方式の電気自動車．現在の燃料電池車につながる技術）

この技術により走行距離を伸ばすことができた．現在の分類では，シリーズ・ハイブリッド・カーとなる．つまり，今日のハイブリッド・カーの原型となっている．本書で取り上げている燃料電池車もローナー・ポルシェ・シリーズのシリーズ・ハイブリッド電気自動車を応用している．

1.4　燃料電池車のコンセプト

燃料電池車は，フェルディナント・ポルシェ博士が開発したローナー・ポルシェ・シリーズのシリーズ・ハイブリッド方式を応用している．ここでは，ローナー・ポルシェ車と比較しながら，燃料電池車のコンセプトを説明する．

1 燃料電池車ってなあに

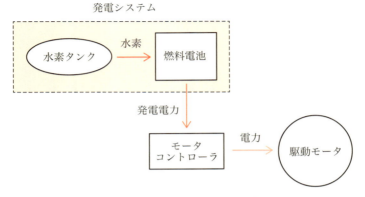

図1・16 燃料電池車のコンセプト
(水素を燃料とする燃料電池で発電した電気で走る電気自動車)

(i) 燃料電池車はシリーズ・ハイブリッド方式を応用

図1・16に燃料電池車のコンセプトを示した．基本的に，燃料電池車はシリーズ・ハイブリッド方式の電気自動車を応用している．図1・16に示すように，原理的には，水素を燃料として燃料電池が発電を行い，その発電した電気で走行する．図1・15に示したローナー・ポルシェ車のシリーズ・ハイブリッド方式が現在の方式に使われた形となっている．この方式により，バッテリー式電気自動車の1充電当たりの走行距離が短い問題が解決されている．

(ii) 燃料電池車は自然エネルギーを利用

バッテリー式電気自動車は自然エネルギーを利用できるため，温室効果ガスの排出を抑えることができる．しかし，1充電当たりの走行距離が短いという問題を抱えていた．燃料電池車は水素タンクを搭載して燃料電池で発電して走るため，バッテリー式電気自動車の走行距離が短い問題を解決している．

1.4 燃料電池車のコンセプト

　水素は，たとえば太陽光を利用して発電した電気を用いて水を電気分解することで製造できる．また，その製造した水素をタンクに貯蔵できる．水も太陽光も世界中どこでも入手でき，地域に依存しない．とくに，日本のように原油の産出量が少ない国でも水素の製造と貯蔵は可能である．

　燃料電池を走らせるためには，水素ステーションが必要である．現在はその数が非常に少ないため，問題視する人がいる．しかし，ガソリンスタンドもはじめから多くあった訳ではなく，ガソリン車が増えるにつれて増えていった．現代の日本ではいたるところにある．燃料電池車が増えれば，水素ステーションの設置数も増えていくものと思われる．

　石油などの化石燃料資源が少ない日本にとって，水素は貴重な資源と思われる．

ant
② 燃料電池車の基礎

　第2編では，燃料電池車の具体的な構造を解説する．初学者が基礎的なところから学ぶことを目的とした本書では，理解しやすいように，重要な技術内容に絞っている．より深い技術内容を勉強したい方には，電気自動車の良書[17-21,46,47]をお勧めする．

　2.1では，ガソリン車，バッテリー式電気自動車，ガソリン・エンジンと電気モータのハイブリッド車，そして燃料電池車の基本構成の比較を行い，燃料電池車のシステム構成を説明する．2.2以降では，燃料電池車のシステム構成で出てきたキーコンポーネントを説明する．色々と技術的な単語が出てくるが，詳細は後半で説明する．

2.1　燃料電池車のシステム構成

　燃料電池車のシステム構成を説明する前に，ガソリン車，バッテリー式電気自動車，ガソリン・エンジンと電気モータのハイブリッド車のシステム構成を説明する．燃料電池車は最近考案されたシステムではあるが，過去の自動車開発の流れを説明した方が燃料電池車のシステム構成を理解しやすいからである．

(i) ガソリン車のシステム構成

　図2・1にガソリン車のシステム構成を示す．燃料タンクから燃料をエンジン（内燃機関）に送り，動力を発生させ，減速機を介してタイヤを回転させる．基本的に，エネルギーの流れは一方向である．

2 燃料電池車の基礎

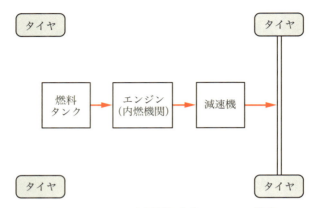

図2・1 ガソリン(内燃機関)車のシステム構成

(ii) バッテリー式電気自動車のシステム構成

図2・2にバッテリー式電気自動車のシステム構成を示す．電気を充電したバッテリーから電力をもらい，モータ・コントローラ(インバータ)がモータを駆動する．モータには三相交流モータが使用され

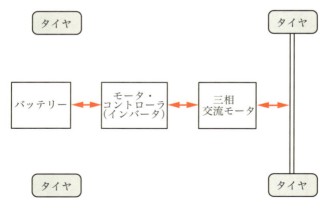

図2・2 バッテリー式電気自動車のシステム構成

2.1 燃料電池車のシステム構成

る．インバータは直流を三相交流に変換する．バッテリーには，リチウムイオン電池などが使われている．基本的に，バッテリーからモータへとエネルギーが1方向に流れ，走行とともに充電した電気が減少して，走行可能距離は減少していく．

しかしながら，長い下り坂を走行していると，走行可能距離が伸びることがある．これは，減速時に回生モードが働いているからである．回生モードでは，モータが発電機として働き，バッテリーに電気を充電する．エネルギーをつくりながら走行したことになる．

iii ガソリン・エンジンと電気モータのハイブリッド車のシステム構成

一般的には，ハイブリッドとは「混成」との意味である．自動車関係では，エンジン（内燃機関）と電気モータの混成システムを意味する．バッテリー式電気自動車は1充電当たりの走行可能距離が短いという欠点を有する．その欠点を補ったのが，ハイブリッド車である．エネルギー源にたとえばガソリンを使っているので，走行距離は長い．バッテリーには，リチウムイオン電池よりは性能が劣るニッケル水素電池が使われている．

図2・3と図2・4にガソリン・エンジンと電気モータのハイブリッド車のシステム構成を示す．図2・3にはパラレル方式，図2・4にはシリーズ方式を示す．パラレル方式は，エンジンとモータの両者を同時に利用してタイヤを駆動する方式である．

シリーズ方式は，エンジンを用いて発電機を回すことで発電し，その発電した電気でモータを駆動して走行する．ハイブリッド車は，バッテリー式電気自動車と同様に回生モードが利用できるため，通常のガソリン車よりも燃費が良好である．燃費の良好性が消費者に好意的に受け入れられて，販売が好調のようである．ただし，化石燃料を利用しているため，温室効果ガスを排出する．

2 燃料電池車の基礎

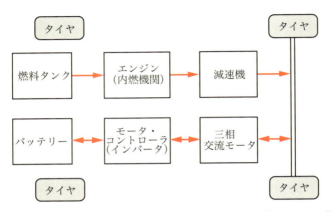

図2・3 ガソリン・エンジンと電気モータのハイブリッド車のシステム構成（パラレル方式）

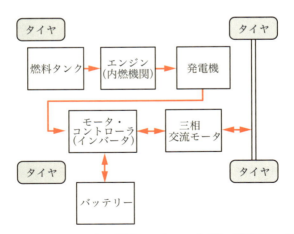

図2・4 ガソリン・エンジンと電気モータのハイブリッド車のシステム構成（シリーズ方式）

2.1 燃料電池車のシステム構成

(iv) 燃料電池車のシステム構成

図2・5に燃料電池車のシステム構成を示す．水素タンクから水素を供給し，また周囲の空気をポンプで燃料電池に供給し，発電を行う．発電した電気は電圧が低いため，DC-DCコンバータを用いて高い電圧へと昇圧される．昇圧された電気はモータ・コントローラ（インバータ）へと供給され，三相交流モータが駆動される．

基本的には，電気自動車であるため，回生モードも有しており，ブレーキ時にはバッテリーに電気を充電する．バッテリー・システムとしては，電気二重層キャパシタとよばれる急速充・放電が可能なデバイスも用いている．通常の一定速度走行では，燃料電池の出力のみで十分であるが，急な加速時など高負荷時にはこの電気二重層キャパシタの電力も追加して用いる．

燃料電池車のシステム構成は，基本的に，ガソリン・エンジン（内燃機関）と電気モータのハイブリッド車のシリーズ方式と同じであ

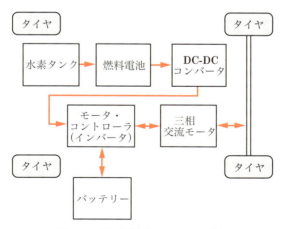

図2・5 燃料電池車のシステム構成

2 燃料電池車の基礎

る．しかし，水素を使っている点が大きく異なる．水素は，たとえば太陽エネルギーを用いて水を電気分解することで製造できる自然エネルギーである．地域に依存せず，太陽光も水も世界中どこでも入手可能である．1回充填した水素タンクを用いてかなりの長距離を走行でき，これまでのガソリン（内燃機関）車と同じような使い方が可能である．

2.2以降では，燃料電池車に使われているキーコンポーネントを説明する．

・燃料電池
　—— 水素と空気を燃料として発電する発電機
　—— 水素は再生可能エネルギー
　—— 地域性がなく，日本でも水素製造が可能
・各種バッテリー
　—— 電気エネルギーを蓄積するデバイス
　—— リチウムイオン電池，ニッケル水素電池，電気二重層キャパシタなど
・直流モータ
　—— 一般的に用いられる駆動源
　—— 市販車にはほとんど使用されていないが，理解を助けるために説明
・三相交流モータ
　—— 市販の電気自動車に用いられる駆動源
・交流モータ用コントローラ（インバータ）
　—— 直流を三相交流に変換
　—— 三相交流で三相交流モータを駆動
・昇圧DC-DCコンバータ

―― 低い直流電圧を高い直流電圧に変換
―― 原理上低い燃料電池の電圧を高くする

2.2　燃料電池の原理

燃料電池はどのような原理で動作するのか次のような流れで説明する．

・電気回路の基礎的事項の復習
・電池の種類――燃料電池がどのような電池の種類に属するのか説明する．
・水の電気分解と燃料電池の発電――水を電気分解すると水素と酸素に分解できる．燃料電池はこの水の電気分解の逆反応を利用している．
・燃料電池システムの構成――燃料電池の最小単位（セル）を説明する．また高電圧を得るためにセルを複数直列に接続したスタックを説明する．
・燃料電池システムの水素および空気の供給システム――燃料電池システムを駆動するための水素と空気を供給するシステムを説明する．
・燃料電池の電気的特性――燃料電池の $I\text{-}V$（電流-電圧）特性などを説明する．燃料電池は内部抵抗が大きいため，低負荷では電圧が高いが，高負荷では電圧が低くなる特性を有している．燃料電池を使用する場合には注意が必要である．
・燃料電池システムの例――100 W 級の教育用燃料電池システムを説明する．

(i)　電気回路の基礎的事項の復習

電気的な説明が多くなるため，電気回路の基礎的事項を復習して

2 燃料電池車の基礎

おく.

- 電流の流れ → 電流は正極(+)から負極(-)に向かって流れる.
- 電子の流れ → 電子は逆に負極(-)から正極(+)に向かって流れる.
- 電源 → 電気を生成する. たとえば, 電池.
- 負荷 → 電気を消費する. たとえば, 抵抗.
- 電圧 → 単位はV(ボルト)
- 電流 → 単位はA(アンペア)
- 電気抵抗 → 単位はΩ(オーム)
- オームの法則 → V(電圧) $= I$(電流) $\times R$(抵抗)
- 電力, 瞬時消費電力

 →単位はW(ワット)

 1秒間に電気がする仕事の大きさ

 W(電力) $= V$(電圧) $\times I$(電流) $= (I \times R) \times I = I^2 \times R$

- 電力量, 総消費電力

 →単位はW·h(ワットアワー)

 電力を時間で積分したもの.

 1Wの電気を1時間使った電力量は $1\,W \times 1\,h = 1\,W{\cdot}h$

 国際単位系(SI)ではJ(ジュール)を用いる.

 1Jは, 1W·s(ワット秒)

(ii) 電池の種類

 一般的に, 電池といえば乾電池を思い出すであろう. また最近では充電式電池(ニッケル水素電池)をイメージする人もいるだろう. 乾電池は一回だけ使える, 使い切りの電池である. 使い切りの電池は一次電池とよばれる. 最近はエコ意識が高くなり使い切りの乾電池の使用は避けて, 充電式電池が人気のようである. 充電式電池は二

次電池とよばれる.充電式電池には,ほかにリチウムイオン電池がある.非常に高性能であり,携帯電話(スマートフォン)やパソコンに使われている.

燃料電池は,原理的に乾電池とも充電電池とも異なる.一言でいえば,電池というよりも,水素と酸素を燃料とする化学的な発電機である.水素と酸素を追加すれば何度でも使えるため,使い切りではない.

(iii) 水の電気分解と燃料電池の発電

文献[22](Panasonic社ホームページ,http://panasonic.co.jp/ap/FC/construction_01.html)を参考にして,水の電気分解と燃料電池の発電について説明する.

燃料電池は,水の電気分解の原理の逆反応を利用している.水に電解液(たとえば水酸化ナトリウム)を加えて導電性を高めると,水は水素イオンと水酸化物イオンに分離する.その水に2本の電極を入れて電圧をかけると,負極(−)では,水素イオンに電子が与えられて水素が発生する.正極(+)では,水酸化物イオンから電子が奪われ酸素と水が生成される.

このように,水素は水と電気から生成できる再生可能エネルギーである.水は地域性があまりなく世界中どこでも入手可能である.電気も,太陽光や風力などの自然エネルギーから得られ,地域性があまりない.

化学式的に水の電気分解を説明する.

(1) 電解質の中では,水(H_2O)は,水素イオン(H^+)と水酸化物イオン(OH^-)に分離する.

$$2H_2O \rightarrow 2H^+ + 2OH^-$$
　　水　　　水素イオン　　水酸化物イオン

2 燃料電池車の基礎

(2) この電解質の中に入れられた電極に電圧をかけると，負極（−）では水素イオンに電子が与えられることで還元が起こり，水素が発生する．

$$2H^+ + 2e^- \rightarrow H_2$$
　　水素イオン　　電子　　　水素

(3) 正極（＋）では，水酸化物イオンから電子が奪われることで酸化が起こり，酸素と水が生成される．

$$2OH^- \rightarrow H_2O + 1/2O_2 + 2e^-$$
　水酸化物イオン　　　水　　　酸素　　　電子

　図2・6に水の電気分解の実験図を示した．簡単に実験ができるので，ぜひ試みてほしい．

　燃料電池はこの水の電気分解の逆反応を応用して発電する．図2・7に燃料電池の発電実験図を示した．水の電気分解の実験装置図と非常に類似していることがわかる．水の電気分解で生成した水素と酸素をそのまま利用して電子負荷，たとえば電球を光らせることが

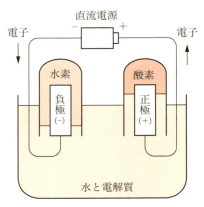

図2・6　水の電気分解の実験図

2.2 燃料電池の原理

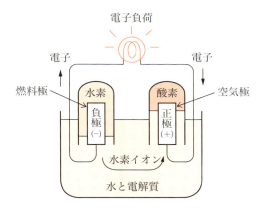

図2・7 燃料電池の発電の実験図

できる.ポイントは,電子の流れる方向が逆になっていること,そして水中(電解質)を水素イオンが移動しているということである.電子は電解質の中を通ることができない.負極(−)側を燃料極,正極(+)を空気極とよんでいる.

(iv) 燃料電池システムの構成[23]

自動車などではPEFC型燃料電池が用いられる.PEFCはPolymer Electrolyte Fuel Cellの略である.最小単位をセルとよぶ.図2・7と対比させて,PEFC型燃料電池の1セルの構成図を図2・8に示した.水と電解質が,固体高分子膜に置き換わっており,固体高分子膜を水素イオンが通過する.燃料極,固体高分子膜,そして空気極をセットにしてMEAとよぶ.MEAはMembrane Electrode Assemblyの略である.そのMEAを挟む形で外側にセパレータが配置されている.セパレータはカーボンでできており,電極の役目を担っている.

図2・9にセパレータの詳細を示した.MEAを両側から挟む形で

2 燃料電池車の基礎

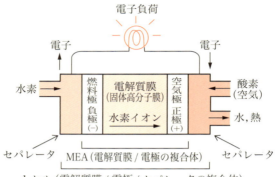

図2・8 燃料電池(PEFC)の1セルの構造

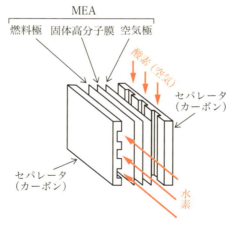

図2・9 燃料電池のセパレータ

配置されている.セパレータには溝が掘ってあり,空気極側では酸素(空気),燃料極側では水素が供給される.水素は,外部から配管

2.2 燃料電池の原理

を通じて供給され,外部に漏れないように内部で密閉されている.

1セルは原理的に0.7 V程度の低電圧しか発電できない.高い電圧を得るためには,セルを直列に何段も積層する.図2・10にその積層を示した.セパレータはカーボンでできており,電極の役目を担っている.直列であるため,1セルでも故障するとまったく発電しなくなるという危険性がある.

(v) 燃料電池システムの水素および空気の供給システム

図2・11に水素および空気の供給システムを示す.水素タンクの水素は,圧力レギュレータにより圧力が調整されて燃料極へと導かれる.

酸素(空気)の供給には,100 W程度の小型のものでは,電気ブロワーがよく用いられる.市販の燃料電池車では,供給量が多いため,エアー・コンプレッサーなどが用いられる.電気ブロワーやエアー・コンプレッサーを駆動するためにも電力が必要なため,燃料

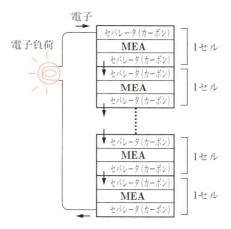

図2・10 燃料電池のスタック

2 燃料電池車の基礎

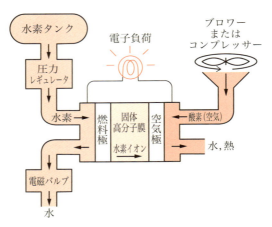

図2・11 水素および空気の供給システム

電池の運転に必要となる適切な空気量の供給が重要となる．過度の空気の供給は，無駄な電力を使うだけである．

空気極側からは，水と熱が排出される．ただし，100 W程度では水の排出は非常に微量で，水が出ているのかはまったくわからない．乗用車タイプでも，アイドリング時に，生ぬるい風が出てくる程度である．水がジャブジャブと出ると想像している方もいるようであるが，残念ながら大量の水は出ない．

水素タンクとしては，高圧タイプや水素吸蔵合金タイプがある．水素吸蔵合金とは，冷却すると水素を吸蔵する特性をもった金属のことをいう．単位体積当たりの水素含有量が多い．

燃料極側に水が溜まる場合があるが，その場合には電磁バルブを取り付けて，水を排出（パージ）する．教育用燃料電池では配管に水が溜まり，水素が燃料極に供給されない状態も発生する．パージは水を排出するために行うのであるが，大事な水素を無駄に捨てるこ

2.2 燃料電池の原理

とにもなるため，パージのタイミングの決定は非常に重要である．

(vi) 燃料電池の電気的特性

燃料電池は，内部抵抗が大きいため，低負荷では電圧が高いが，高負荷では電圧が低くなる特性を有している．内部抵抗に流れる電流を乗じた電圧分だけ電圧が低下する．燃料電池を使用する場合には注意が必要である．

図2・12にホライゾン社製100 W教育用燃料電池（H-100）の電気的特性を示す．(a)はI-V（電流-電圧）特性，(b)は電力特性，そして(c)は水素消費特性を示す．H-100は20枚のセルを積層したタイプである．燃料電池は原理的に，1セル当たり0.7から1.0 V程度の出力電圧である．そのため，無負荷時，つまり電流がゼロで約19 Vの出力電圧となっている．ほぼ最大負荷時の8.3 A程度では，出力電圧は12 Vまで低下する．出力が増加すると水素の使用量も増加する．100 Wの出力を得るためには，毎分1 Lの水素が必要である．

燃料電池はこのように出力電圧が負荷に依存して大きく変化するので，何らかの対策が必要である．その対策として，一般的にはDC-DCコンバータが用いられる．DC-DCコンバータを用いると，負荷が変動しても一定の出力電圧が得られる．DC-DCコンバータについてはあとで説明する．

燃料電池の出力電圧を高くするためには，積層の枚数を多くする必要がある．しかしながら，積層化により，システムが大型化し，重量も増加してしまう．そのため，あるところで積層の枚数をあきらめざるを得ない．たとえば，トヨタ社MIRAI[23]では370枚の積層を行っている．370枚だと最大でも370 V程度となる．乗用車タイプの電気自動車では，600 V程度が必要となるため，DC-DCコンバータを利用して出力電圧を上げている．

2 燃料電池車の基礎

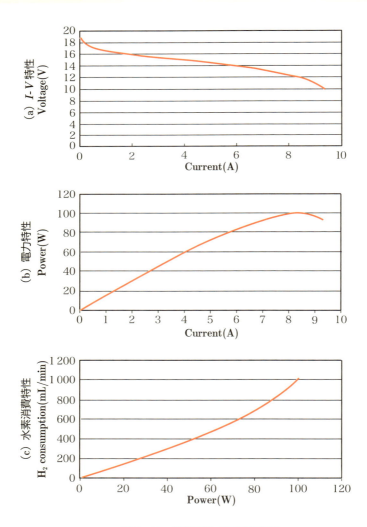

図2・12 燃料電池の電気的特性
(ホライゾン社製H-100のマニュアルの図を変更)

2.2 燃料電池の原理

(vii) 燃料電池システムの例

燃料電池の例として，100 W級の教育用燃料電池システムを説明する．図2・13にホライゾン社製100 W燃料電池H-100[24]の写真を示した．表面には，黒いカーボンのスタック（セパレータ）がある．この製品は，20枚のセルを積層している．左面には水素流入口と水のパージ出口がある．右面には電圧出力端子がある．裏面には，空気流入用のブロワーがある．

図2・14にスタックの拡大図を示した．セパレータを積層していることがわかる．

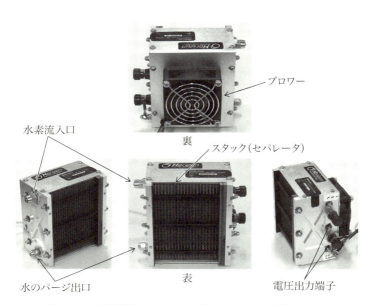

図2・13　燃料電池システムの例（ホライゾン社製H-100）

2 燃料電池車の基礎

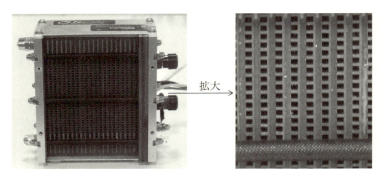

図2・14 スタックの拡大図（ホライゾン社製H-100）

2.3 各種蓄電デバイスの代表的特性

　本節では，電気自動車に使われる各種の蓄電デバイスの代表的特性について説明する．最初に，ボルタの電池を例に，初期の電池を説明する．続いて，蓄電デバイスの性能評価項目，蓄電デバイスの種類，そして蓄電デバイスの代表的な特性を説明する．各種の蓄電デバイス，鉛蓄電池，ニッケル水素電池，リチウムイオン電池，そして電気二重層キャパシタの原理については続く2.4で説明する．

(i) 電池の始まり（ボルタの電池の発明）

　文献[25-28]を参考に電池のはじまりであるボルタの電池について説明する．今から約200年前の1800年にイタリア人のアレッサンドロ・ボルタ（Alessandro Volta）がはじめて実用的な電池（ボルタの電池とよばれている）を発表した．ボルタの電池は使い切りの一次電池である．以後，電池は多くの科学者によって改良が加えられてきた．最近では，充電式電池である二次電池の開発が盛んである．とくに，バッテリー式電気自動車では重要な性能である走行距離が充

2.3 各種蓄電デバイスの代表的特性

電式電池の性能で決まるため,極めて重要な研究課題となっている.

最初のボルタの電池は,英語ではVoltaic Pileそして日本語ではボルタの電堆とよばれる.ボルタの電池は簡単に実験ができるため,多くの学校で理科教材として使われている[28].

構造は非常に簡単である.図2・15にその実験装置を示す.銅板と亜鉛板を丸く切り抜いて何枚か用意する.食塩水をしみ込ませたフェムト(またはキッチンペーパー)も何枚か用意する.亜鉛板,フェムト,銅板を1セルとして何段か積み上げる.たとえば,原理的に1セル(1段)当たり1.1 Vが得られるため,6段だと6.6 Vが得られる.ただし,反応が進むと,電圧が低下するので,注意が必要である.正極が銅板,負極が亜鉛板,電解液が食塩水となっている.反応式は以下のとおり.

負極:$Zn \rightarrow Zn^{2+} + 2e^-$

正極:$2H^+ + 2e^- \rightarrow H^2$

亜鉛板の表面で亜鉛がイオンとなって溶け出し,亜鉛板の内部に電子が増える.銅板ではこの変化は起きない.両方の板を導線でつ

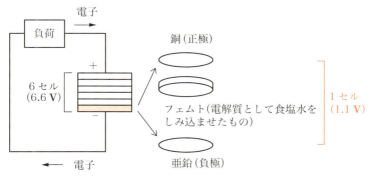

図2・15 ボルタの電池(電堆)の実験図

2 燃料電池車の基礎

なぐと電子が亜鉛板から銅板へと向かって流れる．この電子は銅板近くの水素イオンと結合して気体の水素になる．

(ii) 蓄電デバイスの性能評価項目

蓄電デバイスの性能は大まかには以下のような項目で評価される．蓄電デバイスは，種類に応じて各項目での性能が異なるため，選択する場合には，各デバイスの特徴をよく理解して選択する必要がある．とくに，密度には，エネルギー密度とパワー密度の2種類があることに注意が必要である．一般的に，エネルギー密度の値は議論されるが，パワー密度が忘れられることもあるようである．

蓄電デバイスの性能を評価するときに「放電レート」をよく用いる．放電レートは，放電時の電流値と放電時間の関係を表している．たとえば，定格容量が 50 A·h の蓄電デバイスは，放電レート 1 C の放電なら 50 A（50 A·h × 1 = 50 A）の電流を1時間放電と計算される．

(a) 公称電圧（V）
- 目安としてメーカーが規定している電圧．
- 充電する際には，この公称電圧より高い電圧を使用する．
- 放電が進むとこの公称電圧より電圧が低くなる．

(b) 重量エネルギー密度（W·h/kg）と体積エネルギー密度（W·h/L）
- 電池が蓄えられる電気エネルギー量（総消費電力：W·h）を電池の重量あるいは体積で除した値．
- 数字が大きいと，同じ重量（あるいは体積）でも高容量を蓄えられる．
- バッテリー式電気自動車（B-EV）などでは，走行距離を決定する重要な値．

(c) 重量パワー密度（W/kg）と体積パワー密度（W/L）
- 電池が放出できる瞬時消費電力（W）を重量あるいは体積で除し

2.3 各種蓄電デバイスの代表的特性

た値.
- この値が大きいと,瞬時に大きなパワーを出力することができる.

(d) サイクル寿命(回)
- 蓄電デバイスは充電と放電を繰り返すと性能が劣化し,蓄えられる電気エネルギー量(電力量)が減少する.そのため,使用回数には限界がある.
- 頻繁に充電と放電を繰り返す場合には,サイクル寿命が長いことが要求される.

ⅲ 蓄電デバイスの代表的特性

表2-1に,各種の蓄電デバイスの代表的特性を列挙した.

(a) 鉛蓄電池

150年も前から使われている安全性の高い蓄電デバイスである.エネルギー密度は低い.つまり重い割に電気容量が小さいため,電気自動車のエネルギー源などには向かない.寿命も短い.

(b) ニッケル水素電池

エネルギー密度はリチウムイオン電池について高い.大容量の割に小型で軽い.パワー密度も高く,ハイブリッド自動車(HEV)によく使われている.市販もされており,安価で入手が容易である.

(c) リチウムイオン電池

エネルギー密度そしてパワー密度ともに高い.現時点でもっとも性能的にバランスの取れた電池であり,バッテリー式電気自動車(B-EV)のエネルギー源として最適な電池となっている.ただし,充放電時の発火や爆発を防ぐため,監視・保護回路を備える必要がある.

2 燃料電池車の基礎

表 2・1 各種蓄電デバイスの代表的特性

電池の種類	鉛蓄電池	NiMH電池（ニッケル水素電池）	Li-ion電池（リチウムイオン電池）	電気二重層キャパシタ
公称電圧（V）	2	1.2	3.7	2.7
重量エネルギー密度（W·h/kg）	35	60〜120	100〜250	5
体積エネルギー密度（W·h/L）	70	140〜300	250〜400	10
重量パワー密度（W/kg）	180	250〜10 000	300〜5 000	2 000
サイクル寿命（回）	約500	約2 000	約1 000	>約100 000

（注）おおまかな数値であり，具体的な数値は製品により異なる．
出典：関　勝男，スッキリ！がってん！二次電池の本，電気書院（2015）
　　　蓄電池バンクホームページ，（Batterybank.jp/basic/life.php）

(d) 電気二重層キャパシタ

エネルギー密度は低い．しかし，パワー密度は高くサイクル寿命も非常に長い．つまり大電流を頻繁に繰り返し流す，急速な充放電に向いている．単独で電気自動車のエネルギー源として使うことはできないが，ほかの蓄電デバイスと組み合わせてハイブリッド電池システムとすることでシステム的に高性能を狙える．

2.4　各種蓄電デバイスの原理

本節では，電気自動車に使われる各種の蓄電デバイスの原理について説明する．鉛蓄電池，ニッケル水素電池，リチウムイオン電池，そして電気二重層キャパシタの原理を文献[25-27]を基に説明する．

2.4 各種蓄電デバイスの原理

(i) 鉛蓄電池の原理

鉛蓄電池の原理を説明する．図2・16に1セルの構成を，図2・17に6セルの構成を示す．非常に歴史がある安全で安定した蓄電デバ

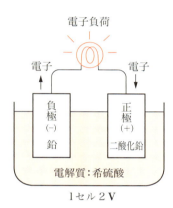

図2・16　鉛蓄電池の1セル構成

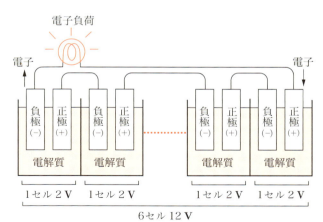

図2・17　鉛蓄電池の6セル構成

2 燃料電池車の基礎

イスである.構成は以下のとおりであり,負極には鉛,正極には二酸化鉛,そして電解質には希硫酸を用いている.

負極:鉛　Pb

正極:二酸化鉛　PbO_2

電解質:希硫酸　H_2SO_4

各極の放電時反応式は以下のとおりである.

負極:$Pb + SO_4^{2-} \rightarrow PbSO_4 + 2e^-$

正極:$PbO_2 + 4H^+ + SO_4^{2-} + 2e^- \rightarrow PbSO_4 + 2H_2O$

また,全体の反応式は以下のとおりである.

正極	電解液	負極	放電	正極	電解液	負極
PbO_2	$+ 2H_2SO_4$	$+ Pb$	$\rightarrow$	$PbSO_4$	$+ 2H_2O$	$+ PbSO_4$

放電時の反応は次のようになる.希硫酸は水溶液なので,水素イオン(H^+)と硫酸イオン(SO_4^{2-})に分離する.負極(−)では,鉛(Pb)が硫酸鉛($PbSO_4$)に変化し,電極に電子(e^-)を供給する.正極(+)では,二酸化鉛(PbO_2)が硫酸鉛($PbSO_4$)に変化し,水(H_2O)ができ,電子(e^-)が電解液に供給される.

1セル当たりの発電電圧は,2 Vである.そのため,6セルあるいは12セルの直列にして,12 Vあるいは24 Vを得る.

鉛蓄電池は出力する電流値により放電できる時間が変化する.たとえば,小さい電流を放電する場合は長い時間放電ができる.一方,大電流を流すと放電できる時間は短くなる.桶に入れた水を流すことを想像するとよくわかると思う.大量に水を流すと,あっと言う間に桶の水はなくなる.一方,少しずつ水を流すと,長い時間水を流すことができる.

図2・18に鉛蓄電池の放電容量と放電レートの関係を示す.放電レートは,放電時の電流値と放電時間の関係を表しており,以下の

2.4 各種蓄電デバイスの原理

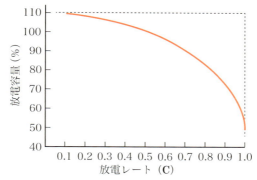

説明図として描いたので,実際のデータとは異なる.放電レートは通常Cで表記される.たとえば,1 Cは1時間で定格容量を放電しきる電流値.0.1 Cは10時間で放電.

図2・18 鉛蓄電池の放電容量と放電レートの関係

ような定義となっている.放電レートは$n \times C$と表記する.定格容量をQ [A·h] とすると,放電電流は$n \times Q$ [A],放電時間は$1/n$ [h] となる.以下に例を示す.

(例1) 放電レートが1 Cの場合

　定格容量が50 A·hのとき,放電レートが1 Cだと,$n = 1$のため,電流は50 A·h × 1 = 50 A,放電時間は1／1 = 1 hと計算できる.つまり,50 Aの電流を1時間流せる計算となる.ただし,ここで注意が必要である.図2・18の関係を考慮すると,1 Cの場合に放電容量は50％まで低下する.そのため,実際の放電時間は,半分の30分程度となってしまう.大電流を流すと出力効率が悪い.

(例2) 放電レートが0.1 Cの場合

　定格容量が50 A·hのとき,放電レートが0.1 Cだと,$n = 0.1$

2 燃料電池車の基礎

のため,電流は 50 A·h × 0.1 = 5 A,放電時間は 1／0.1 = 10 h と計算できる.つまり,5 A の電流を 10 時間流せる計算となる.図 2・18 の関係を考慮すると,0.1 C の場合に放電容量は 110 % 程度あるため,実際の放電時間は,計算値より長くなり,約 11 時間程度となる.流す電流が小さいと計算より長く放電できる.小電流を流すと出力効率がよい.

自動車などの移動体では,走行抵抗を小さくするために,なるべく重量を少なくしたい.そのために,バッテリーもなるべく軽量としたい.しかしながら,この例に示すように,小さい軽量バッテリーで大出力を出すと,出力効率が悪いことがわかる.バッテリーを選択する際には,エネルギー密度やパワー密度は当然考慮する必要があるが,重量と出力効率のバランスについても考慮する必要がある.

図 2・19 に 6 セルタイプの鉛蓄電池の例を示す.12 V,3 A·h の古

古川電池,制御弁式鉛蓄電池,FT4L-BS, 12 V, 3A·h
充電方法:標準 0.4 A×5～10 h,急速 4 A×30 min

図 2・19　6 セルタイプの鉛蓄電池の例

2.4 各種蓄電デバイスの原理

川電池,制御弁式鉛蓄電池(FT4L-BS).制御弁式とは,蓄電池内部の機密を保つためゴムの排気弁(制御弁)を設けているタイプのことをいう.通常は排気弁が閉じたままとなっているが,大電流が流れて,内圧が上がったときには,排気弁が開いて圧力を低下させる.

この製品の場合,推奨されている充電方式は以下のとおりである.

・標準充電:0.4 Aで5〜10時間
・急速充電:4 Aで30分

0.4 Aはおおまかには0.1 Cの充電条件,4 Aも大まかには1 Cの充電条件となる.しっかりと充電したい場合には,時間がかかるが0.1 C程度の充電をお勧めする.

(ii) ニッケル水素電池の原理

ニッケル水素電池は略称でNi-MH電池(あるいはNiMH電池)とよばれている.公称電圧が1.2 Vと乾電池に近く,形状もほぼ同じであり,安全性や信頼性が高いことから,一般的に家庭でも利用されている.最近は,エコロジー志向もあり,使い捨ての乾電池を避けて,ニッケル水素電池の利用者が増えているようである.

図2・20にニッケル水素電池の原理と構造を示した.ニッケル水素電池は,正極に水酸化ニッケル,負極に水素吸蔵合金,電解質に水酸化カリウムを使用する構成である.構造的には,正極板,セパレータ,そして負極板を重ねた状態で巻回し,電池缶に挿入して,後に電解液を注入する.各極の材質は以下のとおりである.

負極:水素吸蔵合金　M

正極:水酸化ニッケル　$Ni(OH)_2$

電解質:水酸化カリウム　KOH

各極の放電反応式は以下のとおりである.

負極:$MH + OH^- \rightarrow M + H_2O + e^-$

2 燃料電池車の基礎

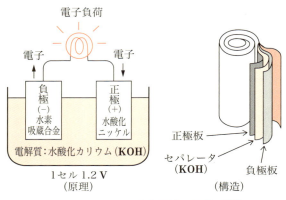

図2・20 ニッケル水素電池の原理と構造

正極：$NiOOH + H_2O + e^- \rightarrow Ni(OH)_2 + OH^-$

M：水素吸蔵合金

MH：水素を吸蔵した水素吸蔵合金

NiOOH：オキシ水酸化ニッケル

$Ni(OH)_2$：水酸化ニッケル

OH^-：水酸イオン

全体の放電反応式は以下のとおりである．

$NiOOH + MH \rightarrow Ni(OH)_2 + M$

負極では，電極に蓄えられている水素原子と水酸イオンが水に変化し，電極に電子を供給する．正極では，電極から電子を受け取り水とオキシ水酸化ニッケルが反応し，水酸化ニッケルと水酸化イオンが生成される．

図2・21に，ニッケル水素電池の例（Panasonic EVOLTA BK-3LLB，1.2 V，1 000 mA·h）と充電器の例（BQ-CC21）を示した．Panasonic EVOLTAシリーズには三種類あり，それぞれ容量とサ

2.4 各種蓄電デバイスの原理

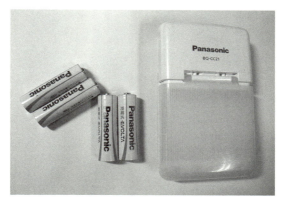

単三形ニッケル水素電池：
Panasonic EVOLTA BK-3LLB, 1.2 V, 1 000 mA·h
充電器：BQ-CC21

図2・21 ニッケル水素電池と充電器の例

表2・2 ニッケル水素電池の容量とサイクル寿命

	容量	サイクル寿命
ハイエンドモデル	2 550 mA·h	> 300回
スタンダードモデル	1 950 mA·h	> 1 800回
お手軽モデル	1 000 mA·h	> 4 000回

出典：Panasonic社ホームページ，2016年7月2日

イクル寿命が異なる．以下に単三の例を示す．容量が大きくなるとサイクル寿命は小さくなる．使用状況に応じて選択する必要がある．

　内部抵抗が低く，急速充電や急速放電に適しており，パワー密度も高いため，ハイブリッド車（HEV）などに使われている．加熱時や過放電時に引火性の水素ガスを発生するため，完全に密閉した空間では使用できない．たとえば，完全防水タイプの野外ランプには

使えない．

　また，水素吸蔵合金はレアメタルの一種であり，産地が限定されているため，資源の入手や価格で問題が生じる可能性もある．

　日本機械学会主催で学生向け小型電気自動車の競技会「pico EV・エコチャレンジ」が毎年開催されている．大会ホームページ（http://picoev.main.jp/）[29] を参照．市販の単三ニッケル水素電池を6個のみ使用して人ひとり乗せて走る電気自動車の競技会である．1 000 mA·h を6個使用して，約2 km を走行できている．

(iii) リチウムイオン電池の原理

　リチウムイオン電池は，エネルギー密度そしてパワー密度ともに現時点ではもっとも優れた蓄電デバイスである．1セルのみで出力電圧が約3.7 Vと高く，積層数も抑えることができる．ただし，破壊したときの危険性も高いため，厳密な充電・放電管理が必須である．

　図2・22にリチウムイオン電池の構造を示す．リチウムイオン電池は，負極には黒鉛（Graphite），正極にはリチウム遷移金属酸化物

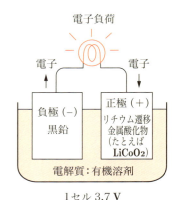

図2・22　リチウムイオン電池の構造

2.4 各種蓄電デバイスの原理

（たとえばLiCoO₂），電解質には有機溶剤を用いる．正極そして負極ともその結晶構造は層状になっていて，層間にリチウムイオン（Liイオン）を出し入れ可能な構造となっている．電極間をリチウムイオン（Liイオン）が往復移動することで電池の反応が進む（図2・23参照）．この反応は一般的に，「ロッキングチェア」とよばれている．

　負極：黒鉛（Graphite, C）

　正極：リチウム遷移金属酸化物（たとえばLiCoO₂）

　電解質：有機溶剤

放電反応式は以下のとおりである．

　負極：$Li_{(x)}6C \rightarrow 6C + {}_{(x)}Li^+ + {}_{(x)}e^-$

　正極：$Li_{(1-x)}CoO_2 + {}_{(x)}Li^+ + {}_{(x)}e^- \rightarrow LiCoO_2$

ここで，xは材料に応じた定数．たとえば，xは0.4から0.8程度（抜け出したLiの量）．

リチウムイオン電池はエネルギー密度もパワー密度も高く，現時点ではもっとも優れた蓄電デバイスの一つである．しかしながら，使い方を間違えると発火や爆発の危険性がある．2.4(ii)で説明したニッ

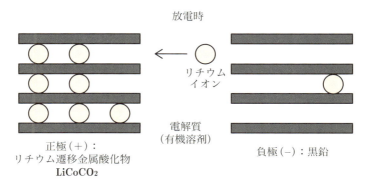

図2・23　リチウムイオン電池のロッキングチェア反応

2 燃料電池車の基礎

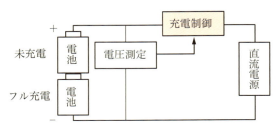

(a) セルフバランスが崩れる：全体として未充電であれば，充電を続け，フル充電の電池が破壊．

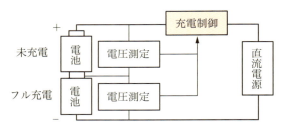

(b) セルフバランスが崩れる：個々の電池の電圧を測定して判断するので，フル充電の電池があれば，充電が中止され，未充電の電池が出る．

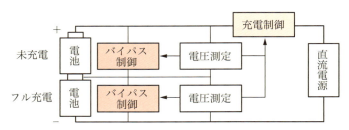

(c) セルフバランスが崩れない：個々の電池の電圧を測定して判断する．フル充電の電池は充電が中止され，未充電の電池はフル充電まで充電．

図2・24　リチウムイオン電池の充電制御

2.4 各種蓄電デバイスの原理

ケル水素電池が一般消費者向けに販売されているのに対して，リチウムイオン電池が電池単体では販売されていないことからも，その危険性がよくわかる．とくに，充電時には気を付けないといけない．

図2・24にリチウムイオン電池の充電制御方式を示した．2個のリチウムイオン電池を直列に接続して充電する場合を考えてみる．3つの制御方式を用いて，制御の要点を説明する．

(a)は，直列に接続した2個のリチウムイオン電池のトータルの電圧を計測し，そのトータルの電圧を用いて充電制御している．この場合，トータルの電圧がまだ充電完了電圧まで達していないと，充電状態が続く．そのため，一方がフル充電になっても，まだ充電状態が続くこととなり，その電池の発火や爆発の危険性が出てくる．

(b)は，2個のリチウムイオン電池のそれぞれの電圧を計測している．そのため，今度は各リチウムイオン電池の充電状態が把握できる．その計測結果に基づいて充電制御を行える．しかし，フル充電の電池が出た場合，充電制御は中止される．リチウムイオン電池の発火や爆発の危険性はなくなるが，未充電のリチウムイオン電池は充電されず，未充電のままとなる．

(c)は，電圧測定にさらにバイパス制御を各リチウムイオン電池に付加した場合である．この場合，フル充電のリチウムイオン電池が出ると，その電池をバイパス制御でスルーさせ，全体の充電制御は継続させる．その結果，未充電のリチウムイオン電池も充電することができる．

(iv) 電気二重層キャパシタの原理

これまで説明してきた蓄電デバイス，鉛蓄電池，ニッケル水素電池，リチウムイオン電池は化学的に電気エネルギーを蓄える電池である．それに対して，ここで説明する電気二重層キャパシタ（EDLC：

2 燃料電池車の基礎

Electric Double Layer Capacitor）は，静電エネルギーの形で物理的に電気を蓄える電池である．一般的には「キャパシタ」とよばれている．出力電圧は 2.5 V である．

ほかの蓄電デバイスに比べてエネルギー密度は低いため，バッテリー式電気自動車の主エネルギー源には不向きである．しかしながら，パワー密度は高く，またサイクル寿命が長いため，アシスト・バッテリーとしてほかの蓄電デバイスとハイブリッド化すると高性能が期待できる．たとえば，ブレーキ時の回生エネルギーを蓄え，その蓄えたエネルギーを加速時に利用するとよい．

電気二重層キャパシタを説明する前に，コンデンサの原理を説明する．図 2・25 にコンデンサの充電の原理を示した．コンデンサは化学的に電気エネルギーを蓄えることができる．二枚の金属板を対向させ，その間に誘電体を挟んだ構造である．図のように直流電源を接続すると，瞬間的に電気が配線間に流れる．電源の電位差と，負極と正極の電位差が同じになると電気は流れなくなる．金属板の間では電気は流れない．負極にはマイナス電荷（電子），正極にはプ

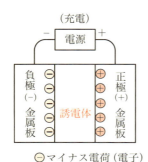

静電容量を大きくする方法
・電極面積　　大
・電極間距離　小
・非誘電率　　高

図 2・25　コンデンサの原理

2.4 各種蓄電デバイスの原理

ラス電荷（正孔）が集まる．この状態になると，電源を取り外しても，その電荷は残ったままである．

電源の代わりに，たとえばLEDでも繋ぐと，LEDは点灯する．すべての電荷が使われると，LEDは消える．蓄えられる電気エネルギーは静電容量で表される．静電容量を高めるためには，電極の面積を大きくする，電極間の距離を小さくする，誘電体の比誘電率を高くする，などの対策がとられる．

続いて，電気二重層キャパシタを説明する．図2・26に電気二重層キャパシタの原理を示した．金属電極，活性炭電極，電解液，活性炭電極，金属電極のようにサンドイッチ構造となっている．直流電源を繋ぐと，コンデンサのときと同じように，活性炭の負極にはマイナス電荷（電子），正極にはプラス電荷（正孔）が集まる．それに引き寄せられて，電解液中のイオンが充電により電極と電解液の界面に集まる．この状態は電気二重層とよばれている．プラスイオンはマイナス電荷に，マイナスイオンはプラス電荷に引き寄せられる．

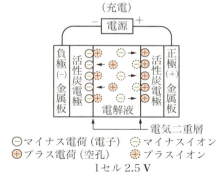

図2・26　電気二重層キャパシタの原理

2 燃料電池車の基礎

活性炭電極の材料には,椰子殻活性炭がよく使われている.自然にやさしい材料である.

図2・27に2個のキャパシタの合成容量の計算方法を示した.電気自動車にキャパシタを使用する場合には,同じ容量のものを複数使う場合が多いため,同じ容量を使う場合の例を示す.

・並列接続の場合

　単純に容量を合計すればよい.たとえば,同じ容量のキャパシタを2個並列接続したときは,2倍となる.キャパシタの面積が2倍になったと考えれば,理解しやすい.個数が増えても合計すればよい.

・直列接続の場合

　直列接続の場合には,少し面倒な計算式を使うこととなる.ただし,同じ容量のキャパシタを2個直列接続したときは,単純に1/2となる.たとえば,同じ容量のキャパシタを10個直列に接続した場合には,単純に1/10となる.

電気二重層キャパシタの容量はF(ファラッド)で表される.大きいものでは,1 000 F程度のものもある.蓄えられる電気エネルギー

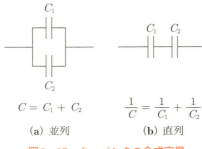

図2・27 キャパシタの合成容量

2.4 各種蓄電デバイスの原理

は次式のようになる．

$$E = \frac{1}{2}CV^2 \text{ [J]}$$

たとえば，一個当たりの容量が $C = 1\ 000$ F のキャパシタを 10 個直列に接続し，一個当たり 2.5 V フル充電した場合を考える．合成容量は $1\ 000$ F／$10 = 100$ F となる．電圧は，2.5 V $\times 10 = 25$ V となる．そのため，蓄えられる電気エネルギーは，

$$E = 0.5 \times 100 \times 25^2 \text{ [J]}$$

となる．1 J は 1 W·s，また 1 W·h $= 3\ 600$ J のため，W·h に換算すると，

(左) 日本ケミコン DLCAP 2.5 V 1 400 F (for Ecorun)
(右) 日本ケミコン DLCAP 2.5 V 600 F

図 2・28　電気二重層キャパシタの例

$$E = \frac{0.5 \times 100 \times 25^2}{60 \times 60} \text{ W·h}$$

$$= 約 8.68 \text{ W·h}$$

となる．図 2・28 に 1 400 F と 600 F の電気二重層キャパシタの例を示す．

2.5 直流モータの原理

市販の電気自動車では，大出力の交流モータが使用されている．しかしながら，その基本原理は直流モータと同じであり，交流モータは直流モータを改良・発展させたものである．そこで，ここではまず，直流モータの回転原理や回転力発生の原理を説明する．2.6 では，代表的な特性も説明して，直流モータの技術用語も理解してもらう．その後，2.7 では，直流モータ用コントローラーの原理を説明する．文献[30-32]を基に説明する．

(i) 電磁力の発生

磁界中に置いた電線に電流が流れると，電線には力が働く．その3者，電流・磁界・力の関係は，図 2・29 に示すフレミングの左手

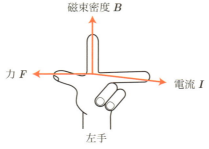

図 2・29 フレミングの左手の法則

2.5 直流モータの原理

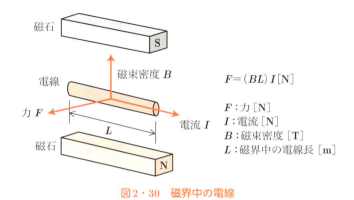

図2・30 磁界中の電線

の法則を示す関係となる．互いに，直行する関係である．

図2・30に電線が磁界中に置かれている様子を示した．

I：電流［A］
B：磁束密度［T］
L：磁界中の電線長［m］

とすると，発生する力F［N］は以下となる．

$$F = (BL)I \text{［N］}$$

発生する力は，磁界の強さ，磁界中の電線の長さ，そして流れる電流に比例する．磁界の強さは使用する磁石で決まる固定値であり，磁界中の電線の長さも固定値である．それに対して，電流は変数である．つまり，発生する力は，流れる電流に比例する式とみなせる．

(ii) 磁界中の1回巻コイルの回転力

磁界中に電線を置いて電流を流すと，電線に力が発生することはわかった．しかし一般的に回転力とするほうが利用しやすい．そこで，図2・31に示すように，1回巻のコイルとしてみる．そうすると，電流はコイルの中を1周するため，行きと帰りで電流の方向が

2 燃料電池車の基礎

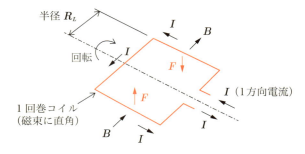

発生トルク $T_0 = 2R_L F = 2(R_L BL)I$ [N·m]

**図2・31 磁界中の1回巻きコイルの回転力
（1方向電流かつ磁束に直角の場合）**

180度変わる．その結果，発生する力は両側で180度変わり，回転力が発生する．

R_L：コイルの半径 [m]

とすると，発生する回転力（トルク）T_0 [N·m] は以下となる．

$$T_0 = 2R_L F = 2(R_L BL)I \ [\text{N·m}]$$

ただし，コイルが磁界に水平に置かれており，電流も1方向に流れる場合である．

図2・32にこのコイルが回転した場合を示した．図2・31は，(1)の状態である．回転力が発生するため，(1)から(2)へと進む．しかし，磁界は変わらないため，発生した力 F は上または下の方向であり，回転力になるのはベクトル的分力のみとなる．さらに進んで，(3)となると，ベクトル成分はゼロとなり，回転力はなくなる．慣性力で行き過ぎて(4)の状況となると，また(3)に戻る力が働き，(5)の状態となる．つまり，このままでは，回転が停止し，最終的には(3)または(5)の状態となる．

2.5 直流モータの原理

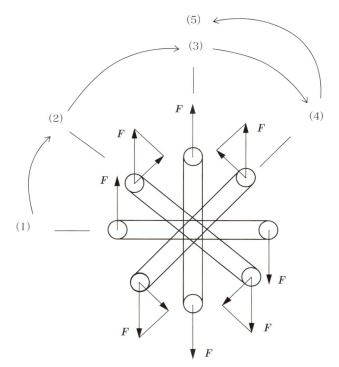

図2・32 1方向電流での1回巻コイルに働く力と動き

(iii) 整流子とブラシ

そこで，図2・33のように，整流子とブラシを付けて回転に応じて電流の流れる方向を変えてみる．そうすると，常に，回転運動を続ける力が発生する．

(iv) コイルの多重巻

図2・33でも回転を続ける動きとなるが，実際には滑らかな回転とはならない．モータには，一定回転速度の滑らかな回転が求めら

2 燃料電池車の基礎

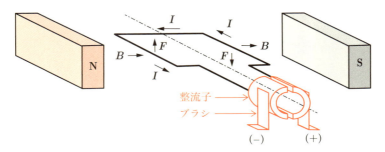

図2・33 整流子とブラシによる電流方向の切り替え

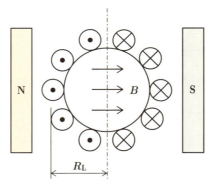

図2・34 コイルの多重巻

れる．そこで，図2・34に示すように，多重巻とすると，滑らかな回転運動が得られる．これでトルクの脈動を低減できる．

(ⅴ) トルク定数

モータでとても重要な定数であるトルク定数を説明する．図2・34のコイルを多重巻したモータを考える．

Z：コイルの総巻数

K_T：トルク定数 [N·m/A]

2.5 直流モータの原理

とすると，発生トルク T [N·m] は以下のとおり．

$$T = (2ZR_\mathrm{L}BL)I \ [\text{N·m}]$$
$$= K_\mathrm{T}I \ [\text{N·m}]$$

発生する回転力（トルク）が電流に比例する関係を示している．その比例定数がトルク定数 K_T である．トルク定数が大きいと，同じ電流でも大きなトルクが得られる．トルク定数を大きくするためには，以下の対策が考えられる．

・コイルの巻数 Z を多くする ………… モータの大型化
・半径 R_L を大きくする ……………… モータの大型化
・磁界中のコイル長 L を長くする …… モータの大型化

つまり，大型のモータを選択すると，トルク定数は大きくなることがわかる．ただし，大きくなると，重量も増す．

(vi) 逆起電力

磁界中の電線に電流を流すと力が発生する．では，磁界中に置いた電線に力をかけて動かしたら，どうなるのであろうか？　その場合，電線に電流が流れ，電圧が発生する．この現象は，フレミングの右手の法則とよばれる（図 2·35 参照）．発生した電圧は逆起電力と

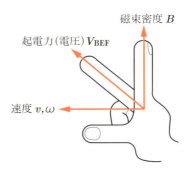

図 2·35　フレミングの右手の法則

2 燃料電池車の基礎

よばれる.

逆起電力の例として,自転車のダイナモを考えてみる.交差点の信号で停止していると,ライトは消灯したままである.信号が変わり,走りはじめると,ライトは明るく点灯しはじめる.速度が速くなると,明るさは増す.

モータを,強制的に外部から力をかけて回転させると発電させることができる.つまり,モータは発電機にもなる.

図 $2\cdot36$ に,その逆起電力の発生の様子と式を示した.

K_{BEF}:逆起電力定数 [Vs/rad]

v:速度 [m/s]

ω:回転速度 [rad/s]

とすると,逆起電力 V_{BEF} [V] は次式となる.

$$V_{\mathrm{BEF}} = (BL)v \ [\mathrm{V}]$$

または

$$V_{\mathrm{BEF}} = (BLR_{\mathrm{L}})\omega \ [\mathrm{V}]$$
$$= K_{\mathrm{BEF}}\omega \ [\mathrm{V}]$$

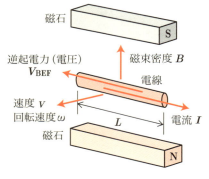

図 $2\cdot36$ 逆起電力

(vii) 逆起電力の応用

逆起電力は，電気自動車では有効に利用されている．駆動時にはモータに電気を流して走行する．しかしブレーキをかけるときには，機械的な通常のブレーキの代わりに，モータを回転させ，ブレーキ力を得る．このことを回生ブレーキとよんでいる．回生ブレーキで発生した逆起電力をバッテリーに蓄えて，次に加速するときに使用する．ハイブリッド自動車はこの原理で高い燃費性能を実現している．

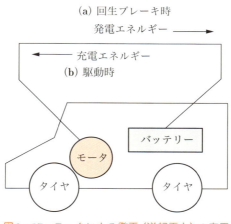

図2・37 モータによる発電（逆起電力）の応用

2.6 直流モータを用いた駆動システムの計算例

モータを用いた駆動システムの設計は，モータを勉強しはじめた人にはなかなか難しい課題のようである．なぜなら，モータの仕様書を見ても，数字がぎっしりと詰まっているからである．そこで，ここでは詳細な設計方法ではないが，簡単に直流モータを用いた駆

動システムを設計する方法を紹介する．

最初に，直流モータの定数を具体的な値を用いて紹介する．続いて，直流モータの具体例を紹介する．最後に，簡単な設計例を紹介する．

(i) 直流モータの仕様

表2・3に直流モータ（maxon motor DC35L）の仕様の一例を示した．maxon motor DC35Lは，80 W出力の小型・軽量の直流モータである．

表2・3 直流モータの仕様

Maxon motor DC35L 80 W

項目	単位	数値
公称電圧	V	18
無負荷回転数	rpm	7 200
無負荷電流	mA	177
最大トルク時の回転数	rpm	6 640
最大連続トルク	N·m	0.12
最大連続電流	A	5.32
最大効率	%	88
端子間抵抗	Ω	0.212
端子間インダクタンス	mH	0.077
トルク定数	N·m/A	0.0234
機械的時定数[注1]	ms	3.97
電気的時定数[注2]	ms	0.36
最大許容回転数	rpm	12 300
モータ質量	g	385

（注1）（端子間抵抗 × ロータ慣性モーメント）／（逆起電力定数 × トルク定数）
（注2）端子間インダクタンス／端子間抵抗

2.6 直流モータを用いた駆動システムの計算例

- 公称電圧:推奨の駆動電圧.この電圧より低い電圧で使用することが望ましい.
- 無負荷回転数:モータ単体で駆動した際の回転数.
- 無負荷電流:モータ単体で駆動した際の駆動電流.つまり最低でもこの電流が流れる.
- 最大トルク時の回転数:最大連続電流が流れたときの回転数.最大トルクを発生している状況でもこの回転数で回転する.
- 最大連続トルク:瞬間的ではなく,長時間発生させてもよいトルク.このトルクを最大値として設計する.
- 最大連続電流:流してよい最大の電流.駆動回路を設計する際には,この値を最大値として用いる.通常は,さらに余裕を見て設計する.
- 最大効率:良好な設計をし,かつ最適に駆動した際の効率.通常はこれより低い.
- 端子間抵抗:モータ内部のコイルの抵抗.小さいほうがよい.
- 端子間インダクタンス:モータ内部のコイルのインダクタンス.この値が小さいと電流の立ち上がりが早い.小さいほうがよい.
- トルク定数:モータは電流に比例したトルクを出力する.トルク定数はその比例定数.トルク定数の値が大きいほど,小さい電流でも大きなトルクを出せる.
- 機械的時定数:(端子間抵抗 × ロータ慣性モーメント)を(逆起電力定数 × トルク定数)で除した値.色々な定数が入っているが,ロータ慣性モーメントに注目してほしい.この値が大きいと動きにくく,大きな電力が必要となる.小さいほうがよい.
- 電気的時定数:端子間インダクタンスを端子間抵抗で除した値.この値が小さいと電流の立ち上がりが早い.

2 燃料電池車の基礎

- 最大許容回転数：モータを回してよい最大の回転数．これ以上の回転数で回すと，壊れる可能性がある．
- モータ質量：軽いほどよいが，大きなトルクを出そうとすると大きくなり，重くなる．

(ii) 直流モータの外観と注意事項

図2・38と図2・39に直流モータ（Maxon motor DC35L）の外観と寸法の一例を示した．

出力軸は，直径6 mmである．出力軸の先端が少しカットしてある．このカットはDカットとよばれている．カップリングなどを軸に固定する場合には，このDカット部にねじで固定する．ほかの円柱部分にはねじを当てないようにする．円柱部分が傷ついて，カッ

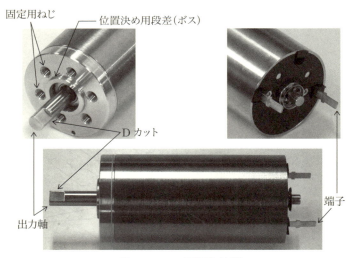

Maxon motor DC35L 80 W

図2・38 直流モータの外観

2.6 直流モータを用いた駆動システムの計算例

Maxon motor DC35L 80 W

図2・39 直流モータの寸法

プリングなどが外れなくなる危険性がある.

出力軸側の面に固定用のねじ穴が6個設けてある.また,位置決め用の段差(ボス)が設けてある.モータを固定する場合には,ボスで位置決めし,ねじで固定する.

出力軸側とは反対側に電圧入力の端子が設けてある.この端子は非常に強度が弱いため,容易に壊れる可能性がある.直接はんだ付けはしないほうがよい.またケーブルもモータのどこかに固定したほうがよい.これは,ケーブルを間違って引っ張っても,端子を壊さないようにするためである.

ⅲ 直流モータを用いた駆動システムの計算例

走行抵抗には,転がり抵抗,空気抵抗,加速抵抗,勾配抵抗がある.問題を簡単にするため,転がり抵抗のみを考えてみる.ほかの抵抗については,第3編で説明する.

- 車両総質量 m [kg]:質量30 kgのエコラン・カーに体重70 kgのドライバーが搭乗して走行する場合を想定する.その場合,車両総質量 m は100 kgとなる.
- タイヤの転がり抵抗係数 μ:タイヤの転がり抵抗係数 μ はエコラ

2 燃料電池車の基礎

ン・タイヤを想定して，0.003 と仮定する．
- 重力加速度 g [m/s^2]：9.81 m/s^2
- タイヤ半径 R [m]：タイヤは 20 インチを使用する．半径は 0.25 m．
- 転がり抵抗 F：転がり抵抗 F [N] は，次式のように計算できる．
  $$F = \mu mg = 0.003 \times 100 \text{ kg} \times 9.81 \text{ m/s}^2 = 2.94 \text{ N}$$
- 駆動トルク T [N·m]：タイヤの半径は $R = 0.25$ m より，必要な駆動トルク T [N·m] は，次式のように計算できる．
  $$T = FR = 2.94 \text{ N} \times 0.25 \text{ m} = 約 0.735 \text{ N·m}$$
  今回無視したほかの抵抗も考慮して，
  $$T = 7 \text{ N·m}$$
  と仮定してみる．詳しい走行抵抗の計算については，第 3 編で説明する．
- モータ駆動トルク T_m [N·m]：今回使用している直流モータの最大連続トルクは，0.12 N·m である．
  $$T_\mathrm{m} = 0.12 \text{ N·m}$$
- ギア比 K_g：モータ駆動トルクでは不足しているため，減速機を用いて駆動トルクを増してみる．ギア比は T を T_m で除し，次式のように計算できる．
  $$K_\mathrm{g} = \frac{7 \text{ N}}{0.12 \text{ N}} = 約 58.3$$
  つまり，60：1 程度の減速機を使用すればよいこととなる．
- 減速機を付けた場合の回転速度 ω_m [rev/h]：モータの最大トルク時の回転数は 6 640 rpm（398 400 rev/h）であるが，減速機で約 1／60 となり，減速機を付けた場合は，約 111 rpm（6 640 rev/h）となる．

2.6 直流モータを用いた駆動システムの計算例

$$\omega_\mathrm{m} = 6\,640 \text{ rev/h}$$

・速度 v [km/h]：減速機を付けた状態での速度を計算してみる．タイヤの円周は，$2\pi R = 2\pi \times 0.25 = $ 約 1.57 m である．速度 v [km/h] は，次式のように計算できる．

$$v = 1.57 \text{ m} \times 6\,640 \text{ rev/h} = 約 10.4 \text{ km/h}$$

・駆動電流 I_m [A]：駆動電流は，モータ駆動トルク T_m をトルク定数 K_T で除し，次式のように計算できる．

$$I_\mathrm{m} = \frac{T_\mathrm{m}}{K_\mathrm{T}} = \frac{0.12 \text{ N·m}}{0.0234 \text{ N·m/A}} = 5.13 \text{ A}$$

・電力 W [W]：駆動電圧を 18 V とすると，次式のように計算できる．実際には，ほかの抵抗なども追加されるため，もっと大きな電力が必要となる．

$$W = 18 \text{ V} \times 5.13 \text{ A}$$
$$= 約 92.3 \text{ W}$$

図 2・40 に設計した駆動システムの例を示した．減速機にはスプロケット・チェーン・システムを用いた．60：1 の減速比を一段のス

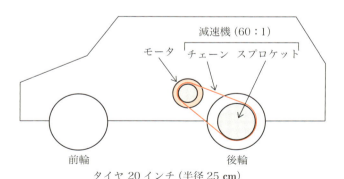

図 2・40　駆動システムの例

2 燃料電池車の基礎

プロケット・チェーン・システムで実現するには無理がある．ギアボックスなどとのハイブリッド減速システムとする必要がある．また，エコラン・カーではあるが，もう少し速度を上げたい．

第3編では，減速比の検討，モータの検討，速度の検討などを詳しく説明する．その際に今度は，燃料電池での駆動システムの電力を用いた検討を行う．水素の使用量など燃料燃費のエネルギー・マネジメントの検討も行う．

2.7 直流モータの駆動回路

直流モータを駆動する簡単な回路を説明する．この内容は，交流モータ駆動回路の基礎事項の説明にもなる．最初に電気の基礎事項として，整流素子のダイオード，スイッチング素子のトランジスタとMOSFETを説明する．続いて，MOSFETを用いたモータ駆動回路を説明する．文献[32-34]を基に説明する．

(i) **ダイオード**

ダイオードは，1方向のみしか電流を流さないという整流作用をもっている．そのため，電流が逆流しないようにする保護回路によく用いられる．使用する場合には，使用できる定格電圧と定格電流を確認し，その値を超えないようにする．たとえば，燃料電池は発電装置である．逆に電流が流れ込まれると破損の原因となる．その電流の逆流を防ぐために用いられたりする．

図2・41にダイオードの構造と図記号を示した．ダイオードはp形半導体とn形半導体を接合して，各領域に電極を設けた構造となっている．p形半導体側をアノード（記号：A）そしてn形半導体側をカソード（記号：K）とよぶ．ダイオードは，電流の流れる方向が決まっており，p形半導体側のアノード（記号：A）からn形半導体側の

2.7 直流モータの駆動回路

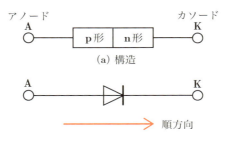

(a) 構造

(b) 図記号

(AからKの順方向にのみ電流が流れる)

図2・41 ダイオードの構造と記号

カソード（記号：K）にのみ電流が流れる．電流が流れる方向を順方向，流れない方向を逆方向という．

　ダイオードの順方向：アノード（A）電圧高，カソード（K）電圧低．電流が流れる．

　ダイオードの逆方向：アノード（A）電圧低，カソード（K）電圧高．電流が流れない．

図2・42にダイオードの順方向と逆方向の動作原理を示した．p形半導体にはプラス電荷（正孔），n形半導体にはマイナス電荷（電子）が満たされている．両者の接合部では，正孔と電子が互いに入り込んで中和し，空乏層が形成されている．

図2・42(a)は，順方向に電圧を加えて電流を流した場合である．それぞれ正孔も電子も空乏層を通り抜ける．その結果電流が流れる．正孔と電子は電源から順次供給されるため，電流は流れ続ける．

図2・42(b)は，逆方向に電圧を加えた場合である．この場合，正孔は負極に，電子は正極に引き付けられ，空乏層が広がる．その結果，電流は流れない．

2 燃料電池車の基礎

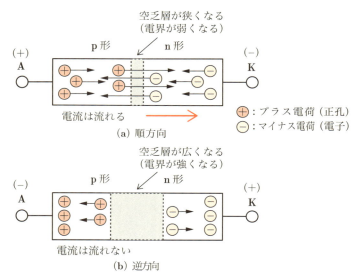

図2・42 ダイオードの順方向と逆方向の動作原理

IXYS DSS 2×101-015A, 150V, 100A×2

図2・43 ダイオードの写真と内部構造

2.7 直流モータの駆動回路

図2・43にダイオードの写真例と内部構造を示す．定格電圧150 V，定格電流100 Aの大型のダイオードである．電気自動車では大きなパワーを取り扱うため，このようなダイオードが用意されている．内部に2個のダイオードが入っている．

自動車の照明関係は通常の電球からLEDに代わりつつあるようである．輝度がかなり高いものもあり，メインのライトにも使われている場合がある．そのLEDもダイオードの一種である．

低価格で小型のLEDは足が2本出ている構造である．長い足のほうがアノードであり，電圧が高いほうに接続する．短い足のほうがカソードであり，電圧が低いほうあるいはグランドに接続する．間違うと点灯しない．

(ii) トランジスタ

トランジスタは，出力があまり大きくないため，人を乗せて走る自動車のモータ駆動回路のメインアンプとして使うことはできない．しかし，模型用のモータ駆動回路には使用可能である．一般的には，スイッチング素子として用いられる．

トランジスタは，p形半導体とn形半導体を3個組み合わせた構造である．見方を変えると，順方向のダイオードと逆方向のダイオードを組み合わせた構造となっている．その組み合わせにより，2種類のトランジスタがある．

npn形トランジスタ：p形半導体をn形半導体でサンドイッチ．
（図2・44参照）

pnp形トランジスタ：n形半導体をP形半導体でサンドイッチ．
（図2・45参照）

図2・44にnpn形トランジスタの構造と図記号を示す．p形半導体をn形半導体でサンドイッチした構造となっている．n形半導体

2 燃料電池車の基礎

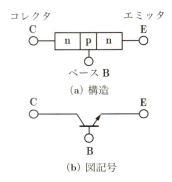

図2・44　トランジスタの構造と記号（npn）

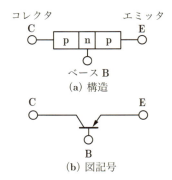

図2・45　トランジスタの構造と記号（pnp）

に配線し，端子をそれぞれコレクタ（C）とエミッタ（E）とよぶ．真ん中のp形半導体に配線し，端子をベース（B）とよぶ．ベース（B）から矢印が出ているのに注意してほしい．

　図2・45にpnp形トランジスタの構造と図記号を示す．n形半導体をp形半導体でサンドイッチした構造となっている．p形半導体に配線し，端子をそれぞれコレクタ（C）とエミッタ（E）とよぶ．真

2.7 直流モータの駆動回路

ん中のn形半導体に配線し，端子をベース（B）とよぶ．ベース（B）に矢印が向かっているのに注意してほしい．

図 2・46 に npn 形トランジスタの動作原理を示す．コレクタ電圧 V_C を印加し，ベース電圧 V_B を上げると，ベース電流 I_B が流れ始める．すると真ん中の p 形半導体と下の n 形半導体は順方向のダイオードとなり，電子は n 形半導体から p 形半導体へと流れる．電子はさらに上の n 形半導体へと流れる．

エミッタ（E）から出た電子の 5% 以下がベース（B）へと流れ，95% 以上がコレクタ（C）へと流れる．コレクタ（C）から流れた電流 I_C は，ベース（B）から流れた電流 I_B と合流して，エミッタ（E）へ電流 I_E として流れる．つまり，

　　エミッタ電流 $I_E =$ コレクタ電流 $I_C +$ ベース電流 I_B

となる．

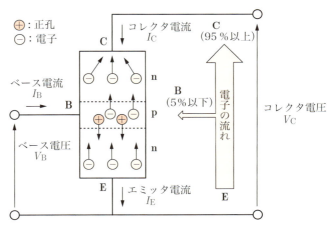

図 2・46　トランジスタの動作（npn）

2 燃料電池車の基礎

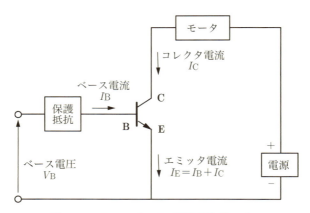

図2・47　トランジスタの駆動回路（npn）

図2・47にnpn形トランジスタを用いた簡単なモータ駆動回路の例を示す．コレクタ（C）側にモータを接続し，さらにモータ駆動用の電源を接続する．また，ベース（B）側には保護用の小さい値の抵抗を接続する．保護用抵抗により少しベース（B）電圧が下がることに注意が必要である．

この状態で，ベース電圧 V_B を上げていくと，ベース電流 I_B が流れはじめる．それに連動して，コレクタ電流 I_C が流れはじめ，モータが駆動される．模型用モータであれば，この駆動回路により動かすことが可能である．つまり，トランジスタはベース電流 I_B によってコレクタ電流 I_C を制御する電流制御形の素子である．

(iii) MOSFET

MOSFETは，金属酸化物半導体電界効果トランジスタのことをいう．略称で，FETとよばれる．

MOSとは，Metal-Oxide-Semiconductorの頭文字であり，

2.7 直流モータの駆動回路

Metalは金属，Oxideは酸化絶縁膜，Semiconductorは半導体の3層構造を意味する．FETとは，電界効果トランジスタ（Field Effect Transistor）のことである．

(ii)で説明した通常のトランジスタに比べて出力が大きく，電気自動車のモータを駆動するパワー素子にも用いられる．特性により，エンハンスメント形とデプレッション形がある．ここでは，エンハンスメント形の動作原理と駆動方法を説明する．

図2・48にnチャネルのMOSFETの構造と記号を示す．図2・49にはpチャネルの構造と記号を示す．また，図2・50には写真例を示す．蒸着，ドーピング，マスキング，配線などの半導体プロセスにより製造される．p形半導体基板にn形部分をつくり，ソース（S）と

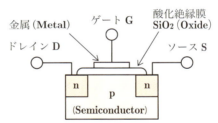

(MOS：Metal-Oxide-Semiconductor)
(FET：Field Effect Transistor)

(a) 構造

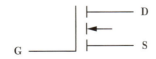

nチャネル（エンハンスメント形）
(b) 図記号

図2・48　MOSFETの構造と記号（nチャネル）

2 燃料電池車の基礎

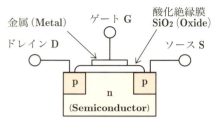

(MOS：Metal-Oxide-Semiconductor)
(FET：Field Effect Transistor)

(a) 構造

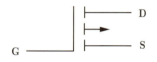

pチャネル(エンハンスメント形)
(b) 図記号

図2・49　MOSFETの構造と記号(pチャネル)

Power MOSFET
IRFP4110
(100 V, 120 A)

図2・50　MOSFETの写真例(IRジャパン)

ドレイン(D)とする．その上に酸化絶縁膜SiO_2(Oxide)を構成し，さらに金属(Metal)を構成する．この三層構造がMOSとよばれる．

2.7 直流モータの駆動回路

MOSFETはゲート（G）に加える電圧によってドレイン（D）とソース（S）間の電流を制御できる．ただし，ゲート電流は流れない．図2・51と図2・52にMOSFETの動作原理を示す．図2・51はゲート電圧がゼロの場合である．n部のまわりに空乏層ができている．ゲート電圧がゼロの場合は，ゲート部はpの状態であり，チャネル

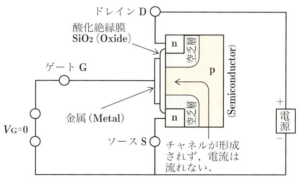

図2・51　MOSFET（nチャネル）の動作（$V_G = 0$）

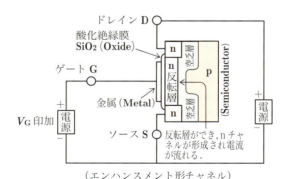

図2・52　MOSFET（nチャネル）の動作（V_G印加）

2 燃料電池車の基礎

は形成されない．その結果，ドレイン（D）とソース（S）間で電流は流れない．図2・52はゲートに電圧が印加された場合である．その場合は，ゲート部にnチャネルが形成され，ドレイン（D）とソース（S）間で電流が流れる．ゲート部にnチャネルができて，電流が流れるため，nチャネルMOSFETとよばれる．

図2・53にnチャネルMOSFETを用いたモータ駆動回路を示す．ドレイン（D）側に駆動モータを接続し，さらに駆動用の電源を接続する．ゲート電圧 V_G を上げていくと，ドレイン電流 I_D が流れ，モータを駆動できる．

(iv) MOSFETを用いた簡単なモータ駆動回路システム

図2・54にMOSFETを用いた簡単なモータ駆動回路システムを示す．図2・53にゲート・ドライバ，PICマイコン，ボリュームを追加している．

ボリュームの役目：人間が回転させ，速度指令値となるアナログ信号を出力する．

PICマイコンの役目：アナログ電圧信号を入力して，それに対応し

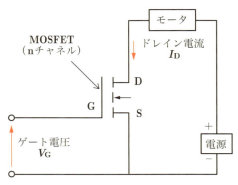

図2・53　MOSFETの駆動回路（nチャネル）

2.7 直流モータの駆動回路

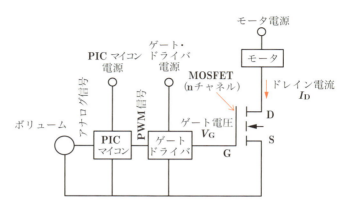

図2・54　MOSFETを用いた簡単なモータ駆動回路

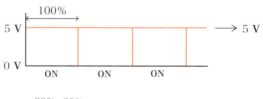

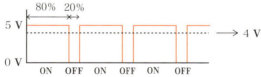

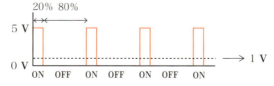

図2・55　PWM（パルス幅変調）信号

たPWM（パルス幅変調）信号を出力する．PWMの説明図を図2・55に示す．基本的に0Vと5Vのみを出力するが，入力に応じて，そのパルス幅を変更する．たとえば，100％のときは，5Vの出力となる．80％のときは，パルスの幅を80％にする．電圧を平均化すると，4Vとなる．20％のときには，パルス幅は20％となり，平均化した電圧は1Vとなる．PWMの周波数は機械システムの応答に比べて高速なため，機械システムは一つ一つのパルスに反応できない．平均化した電圧が機械システムに流れるような形となる．

このように，デジタル信号で疑似的にアナログ出力を得ることができる．パワーエレクトロニクスではよくこの手法を用いる．今回，PICマイコンを選定したが，ほかのマイコンでもよい．

ゲート・ドライバの役目：MOSFETは容量（コンデンサ）成分が多く，スイッチング時のゲート電圧をドライブするには，その容量に蓄えられた電荷を急速に充放電する必要がある．ゲート・ドライバはそのような機能を有している．

図2・54のモータ駆動回路の動作を説明する．ボリュームを回転させて，人間が速度指令を行う．ボリュームから出力されたアナログ信号をPICマイコンに入力する．そのボリュームからのアナログ信号に応じて，PWM信号を生成して出力する．ゲート・ドライバはそのPWM信号を入力して，MOSFETのゲートをドライブする．この動作により，ドレイン電流が流れ，モータを駆動できる．

2.8 交流同期モータの原理

交流モータには大別して，交流同期モータと交流誘導モータがある．ここでは，文献[30-32]を基に，交流同期モータを説明する．交流同期モータは，直流モータに比べて複雑になっているように見られ

2.8 交流同期モータの原理

ている．しかしながら，原理上，両者は同じである．相違点は，
　直流モータ：固定子が永久磁石，回転子が電機子（コイル）
　交流同期モータ：固定子が電機子（コイル），回転子が永久磁石
となっていることである．

(i) 直流モータと交流同期モータの関係

　図2・56に直流モータの特徴を示した．固定子には永久磁石を使用して磁界は固定になっている．それに対して，電機子（コイル）は磁界内を回転する．ただし，電機子の回転を持続させるために，整流子とブラシを用いて，電機子内を流れる電流の方向を切り替えている．

　図2・57にブラシレス直流モータの特徴を示した．図2・56に示した直流モータの固定子と回転子を取り替えた構造となっており，回転子が永久磁石，固定子が電機子と逆になっている．回転子の回転位置をセンサーで検知して，スイッチにより電源の極性を切り替え，電機子内を流れる電流の方向を切り替えている．それにより，磁界

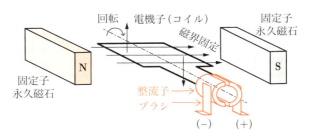

図2・56　直流モータの構造

2 燃料電池車の基礎

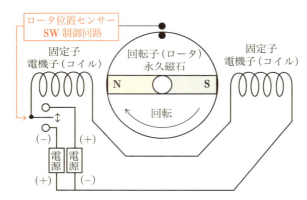

回転子(ロータ):永久磁石
固定子:電機子(コイル)
ロータ位置センサー:回転子の回転位置にあわせて電流の方向を切替

図2・57 ブラシレス直流モータの構造

を切り替えている.

　図2・58に交流同期モータの構造を示した.ブラシレス直流モータでは,回転子の回転位置をセンサーで検知して,磁界を切り替えている.それに対して,交流同期モータでは回転する磁界をつくり,その回転磁界により回転子である永久磁石を回転させる.回転子は回転磁界と完全に同期して回転することから,同期モータとよばれている.

　回転磁界は,三相のコイルを構成し,三相交流電流を流すことでつくられている.三相交流については,2.10のインバータで説明する.電気自動車では,バッテリーや燃料電池などの直流電源を用いる.その直流電源からインバータにより三相交流電流をつくる.その三相交流電流により,交流同期モータを回転させている.交流同期モータの回転速度はその三相交流電流の周波数に依存するため,

2.8 交流同期モータの原理

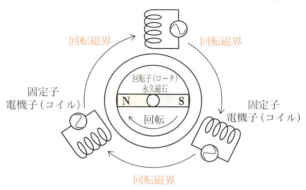

図2・58 交流同期モータの構造

三相交流電流の周波数でモータの回転速度を制御する.

交流同期モータは効率がよいため,ほぼすべての電気自動車(燃料電池自動車を含む)に用いられている.しかしながら,永久磁石は生産地域が限定される希少資源であるため,価格高騰のリスクがある.2.9で説明する交流誘導モータなどのように永久磁石を使わない交流モータの研究開発が期待されている.市販車の電気自動車に交流誘導モータを使用している例もある.

(ii) マグネットトルクとリラクタンストルク

マグネットトルクは,回転磁界と永久磁石の吸引と反発によって生じるトルクである.回転子上の永久磁石が円筒形の場合には,そのマグネットトルクのみが発生する.しかしながら,回転子の中に円筒形ではない永久磁石が埋め込まれた場合,同期モータにはそれ以外にリラクタンストルクが発生する.リラクタンスとは磁気抵抗

を意味し，リラクタンストルクとはコイルが鉄を引き付ける回転力を意味する．永久磁石を用いないリラクタンスモータも開発されている．

(iii) 交流同期モータの種類と名称

モータ構造の違いにより，各種の交流同期モータがある．また，それら交流同期モータは，英語名称の頭文字で表される場合が多く，わかりづらい．そこで，ここでは英語名称そして略称も含めて，各種交流同期モータの特徴を説明する．

・永久磁石同期モータ（PMSM：Permanent Magnet Synchronous Motor）

　交流同期モータは，永久磁石同期モータともよばれる．略称は，PMSMである．PMSMにはさらに表面磁石形と内部磁石形の二種類の構成がある．

・表面磁石形同期モータ（SPM-SM：Surface Permanent Magnet - Synchronous Motor）

　SPM形は，円弧状の磁石が鉄心の回転子表面に配置されている．一般的に磁石はもろく，磁石に遠心力が働くため，その対策が必要である．磁石が回転子の円周に沿って均等に配置されているので，リラクタンストルクは発生しない．マグネットトルクのみ発生する．

・内部磁石形同期モータ（IPM-SM：Interior Permanent Magnet - Synchronous Motor）

　IPM形は，鉄心内部に板状の永久磁石が配置されている．そのため，磁石の強度的な問題は少ない．IPM形の場合，磁石が回転子の円周に沿って均等に配置されていないので，リラクタンストルクも発生する．その結果，モータ出力軸には，マグネットトル

クとリラクタンストルクの両者が発生する．電流位相を最適に制御すれば，大きな出力トルクを発生することも可能である．市販の電気自動車の多くは，このIPM形を使用している．

(iv) 弱め界磁制御

交流同期モータは，永久磁石が回転するので，高速回転になると誘起電圧（逆起電力）が高くなる．電源電圧まで高くなると，それ以上高速回転ができなくなる．さらに高速な回転を実現するため，弱め界磁制御が用いられる．

弱め界磁制御とは，高速回転時に誘起電圧が低下するように，永久磁石の磁束を打ち消すように電流を固定子側のコイルに流す制御である．IPM形は弱め界磁制御がやりやすい．多くの電気自動車にIPM形が用いられている理由にもなっている．

2.9 交流誘導モータの原理

交流モータには，同期モータのほかに誘導モータ（IM：Induction Motor）がある．フレミングの法則を利用してかご形の回転子を回転させるモータである．希少資源である永久磁石を使用しないため，電気自動車用駆動モータとして筆者は期待している．文献[30-32]を基に説明する．

(i) フレミングの法則を利用した電線の移動

図2・59に，フレミングの法則を利用して電線を移動させる方法を示した．永久磁石で磁界をつくり，その磁界の中に，電線を置く．その状態から，
① 永久磁石を直線移動させる．
② すると，電線の中で誘起電圧（逆起電力）が発生し，電流が流れる（フレミングの右手の法則）．

① 永久磁石が移動
② 電線に逆起電力(電圧)が発生.電流が流れる.
（フレミングの右手の法則)
③ 電線に電流が流れると,電線が移動
（フレミングの左手の法則)

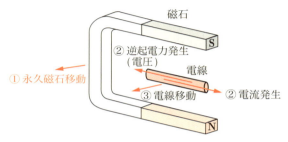

図2・59　フレミングの法則を利用した電線の移動

③　電線内に電流が流れると，今度は電線が直線移動する（フレミングの左手の法則).

つまり，永久磁石を移動させると，その方向に電線を移動させることができる．ただし，永久磁石の移動速度よりも電線の移動速度は遅い．その速度差により，移動力が発生している．

図2・60に，かご形導体を永久磁石の磁界に入れて回転させた状態を示した．かご形導体は，棒状の導体（たとえばアルミ材）と短絡リングから構成されている．棒状の導体は，図2・59の電線と同じ働きをする．電線を何本も円周上に設けたものが，かご形導体と考えてもよい.

永久磁石を回転させると，回転磁界をつくることができる．その回転磁界により，かご形導体を回転させることができる．永久磁石の回転速度よりも，かご形導体の速度は遅い．速度差により，回転

2.9 交流誘導モータの原理

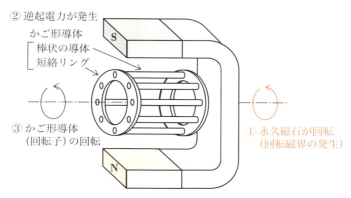

回転磁界と回転子の速度差により回転トルクが発生
永久磁石の回転速度＞かご形導体の回転速度

図 2・60　かご形導体の回転

トルクが発生している．かご形導体の回転速度は，永久磁石の回転速度で制御が可能である．

(ii) 交流誘導モータの構造

図 2・61 に交流誘導モータの構造を示した．永久磁石の代わりに，三相のコイルを設置している．三相交流を流すことにより，回転磁界をつくっている．三相交流については，2.10 で説明する．回転子（ロータ）がかご形導体で，固定子が電機子（コイル）となっている．回転磁界の回転速度により，回転子の回転速度を制御できる．回転磁界の回転速度よりも回転子の回転速度は遅い．

交流誘導モータでは，滑り s が重要となっている．滑り s は，次式で定義される．

2 燃料電池車の基礎

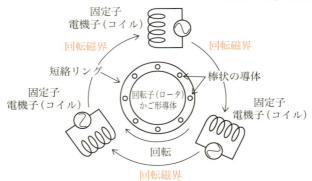

回転子(ロータ):かご形導体
固定子:電機子(コイル)
回転子が回転磁界より遅い速度で回転

s:滑り
N:回転子の回転数[rpm]
N_{mmf}:回転磁界の回転数[rpm]
$s=(N_{\mathrm{mmf}}-N)/N_{\mathrm{mmf}}$

回転子(かご形導体)には,交流誘導起電力が発生

図2・61 交流誘導モータの構造

$$s = \frac{N_{\mathrm{mmf}} - N}{N_{\mathrm{mmf}}}$$

ただし,回転子の回転数を N[rpm],そして回転磁界の回転数を N_{mmf}[rpm]としている.

(iii) 交流誘導モータの特性

図2・62に交流誘導モータの特性を示した.横軸は滑り s で,縦軸は発生トルクである.

$s=0$ の場合:回転磁界の速度と回転子の速度が同じ状態
$s=1$ の場合:回転子(モータ)が停止した状態

交流誘導モータは,$s=0$ と最大発生トルクの間の状態で使用する.交流誘導モータの精密な制御には,ベクトル制御が使われている.ベクトル制御とは,回転磁界の磁束ベクトルを制御するもので

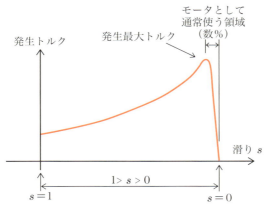

図2・62 交流誘導モータの特性

ある.そのために,固定子を流れる電流の振幅と位相を制御する.

2.10 インバータの原理

市販の燃料電池車あるいは電気自動車では,交流同期モータや交流誘導モータなどの交流モータが用いられている.それらの交流モータを駆動するためには,燃料電池あるいはバッテリーの直流電源から三相交流をつくり,その周波数を制御する必要がある.交流モータの速度は三相交流の周波数に比例する.その三相交流をつくり,駆動周波数を制御するのが,インバータである.文献[33,34]を基に説明する.

(i) 三相交流の波形

図2・63に単相交流の波形を示した.正弦波形となっており,時間とともに0 Vを中心に電圧が＋と－を繰り返す.図2・64に三相

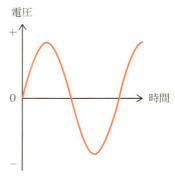

図2・63　単相交流の波形

交流波形を示した．それぞれ位相が120°ずつずれている単相交流波形を3個重ねた形となっている．

(ii) 擬似三相交流波形

電気自動車などで扱われる強電力はパワーエレクトロニクスとよばれる．パワーエレクトロニクスでは，図2・64に示す波形をそのまま使用することは少なく，PWM波形で近似した波形を用いる．

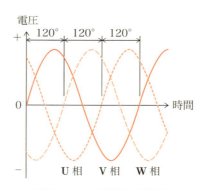

図2・64　三相交流の波形

2.10 インバータの原理

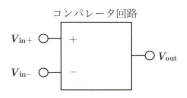

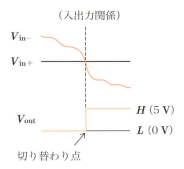

図 2・65 コンパレータ回路

交流波形をPWM波形に近似させるためには，図2・65に示すコンパレータ回路を用いる．コンパレータ回路は，V_{in+} と V_{in-} の二つの電圧を比較して，

$V_{in+} < V_{in-}$ ならば L（0 V）
$V_{in+} > V_{in-}$ ならば H（5 V）

を出力する．

そのコンパレータ回路に，図2・66のように，正弦波形と三角波形を入力すると，両者が比較されて，擬似的な交流波形を生成できる．その様子を図2・67に示した．

正弦波形 $<$ 三角波形 L（0 V）
正弦波形 $>$ 三角波形 H（5 V）

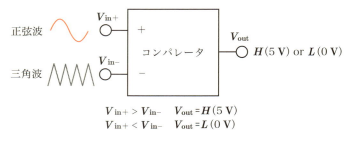

$V_{in+} > V_{in-}$　$V_{out} = H(5\text{ V})$
$V_{in+} < V_{in-}$　$V_{out} = L(0\text{ V})$

図2・66　正弦波と三角波の比較

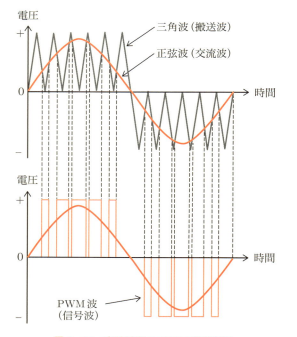

図2・67　交流波形のPWM波形近似

2.10 インバータの原理

図2・67では説明のためPWMの周波数は低くしている．実際には，もっと高い周波数で近似している．

(iii) 単一電源を用いた極性の切替

インバータでは，基本的に，単一の直流電源を用いるため，単一電源から＋と－をつくる必要がある．図2・68で，単一電源から極性を切り替えて＋と－をつくる方法を説明する．図のようにS1からS4まで，スイッチ4個を並べて電気負荷に連結する．

(a) 電源と同じ極性の場合

S2とS3をON，S1とS4をOFFにすると，①から⑥のように電流が流れる．電気負荷には上から下に電流が流れる．

(b) 電源と逆の極性の場合

S1とS4をON，S2とS3をOFFにすると，①から⑥のように電流が流れる．電気負荷には下から上に電流が流れる．(a)の場合と逆に電流が流れる．つまり，電源の極性を逆にしたこととなる．

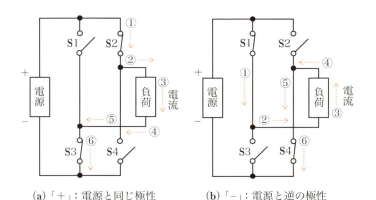

(a)「＋」：電源と同じ極性　　(b)「－」：電源と逆の極性

図2・68　単一電源を用いた極性の切替

(iv) インバータ回路

図2・69にインバータ回路と三相交流モータの回路を示した．図2・68を応用して三相交流をつくってみる．スイッチはS1からS6まで，6個使用している．出力は，W，V，Uと名づけている．図2・70に，スイッチのON／OFFと出力波形を示した．UV間電圧，VW間電圧，WU間電圧を見ると，交互に周期的に＋と－を繰り返していることがわかる．これが，三相交流波形となっている．しかしながら，かなり荒い波形である．実際には，前述のPWM波形近似を行い，なるべく滑らかな出力とする．

スイッチも実際には，トランジスタやMOSFETなどの半導体を用いる．図2・71に，トランジスタを用いた例を示した．トランジスタのゲートをマイコンなどで制御して交流モータを制御する．

また，トランジスタと逆並列にダイオードが接続されている．このダイオードはフィードバック・ダイオードとよばれている．ブレーキ時には，発生した逆起電力（誘起電圧）をバッテリーに流し，充電

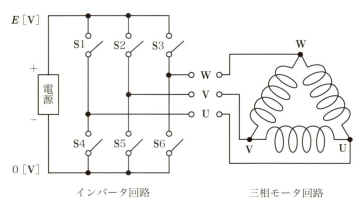

図2・69 インバータ回路と三相モータ回路

2.10 インバータの原理

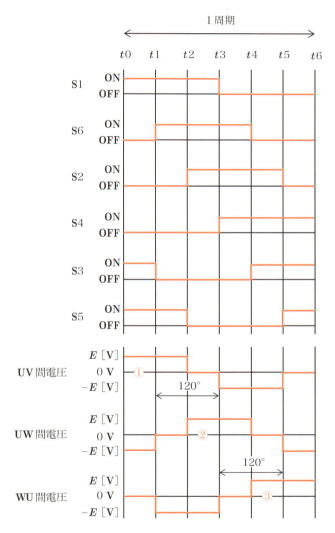

図2・70 インバータによるスイッチON/OFFと出力波形

2 燃料電池車の基礎

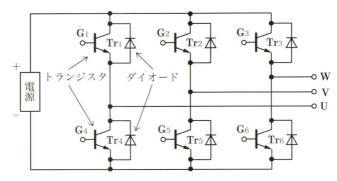

図2・71 トランジスタとダイオードを利用したインバータ回路の例

を行う。トランジスタの破壊を防ぐための保護用ダイオードである。

2.11 DC-DCコンバータの原理

バッテリーの電圧は一つなのに、電気自動車のシステム制御では色々な電圧が使われている。(注:バッテリーの電圧が複数の場合もある)。そのため、バッテリーの電圧をほかの色々な電圧に変換する必要がある。また、そのバッテリーの電圧も使用状況により変化していく場合もあるため、その電圧の変化に対応していかなければならない。とくに、燃料電池は負荷により大きく電圧が変化する。また、燃料電池の出力電圧は一般的に低い。そのため、電圧を一定にしたり、昇圧したりする必要が出てくる。DC-DCコンバータを用いて、前述の燃料電池の出力電圧を昇圧したり、一定値にしたりする。

DC-DCコンバータは、直流電圧をほかの直流電圧に変換する回路である。スイッチングを用いた直流チョッパ回路を応用している。電圧を下げる回路は降圧DC-DCコンバータ、電圧を上げる回路は昇圧DC-DCコンバータとよばれる。また、両者に対応した昇降圧

2.11 DC-DC コンバータの原理

DC-DCコンバータもある．降圧DC-DCコンバータはステップ・ダウンDC-DCコンバータ，昇圧DC-DCコンバータはステップ・アップDC-DCコンバータともよばれる．

ここでは，文献[33,34]を基に，直流チョッパ回路，降圧DC-DCコンバータ，昇圧DC-DCコンバータを説明する．

(i) 直流チョッパ回路

図2・72に直流チョッパ回路を示す．電圧 E [V] の直流電源にスイッチを介して負荷を接続する．負荷への電圧（出力電圧）を E_0 [V] とする．図2・73にスイッチをONまたはOFFしたときの出力電圧波形を示した．T は1周期，T_ON がONの時間，T_OFF がOFFの時間

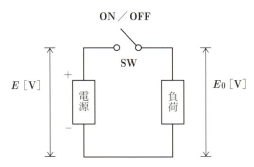

図2・72 直流チョッパ回路

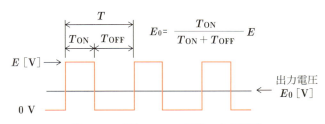

図2・73 直流チョッパ回路の出力電圧

である．スイッチのONとOFFを繰り返すことで，図のような波形となり，平均電圧 E_0 は，

$$E_0 = \frac{T_{\mathrm{ON}}}{T_{\mathrm{ON}} + T_{\mathrm{OFF}}} E$$

となる．つまり，電源電圧を下げることができる．この考え方は，直流モータのPWM（パルス幅）駆動と同じである．ただし，スイッチングは十分に高速である必要がある．

(ii) 降圧DC-DCコンバータ

図2・74に降圧DC-DCコンバータの回路例を示した．スイッチにはトランジスタTrを用いている．インダクタンス（コイル）L は電磁エネルギーを蓄積するためのものである．ダイオードD はトランジスタによるONとOFFでインダクタンスL に蓄えられたエネルギーを放出するために用いる．コンデンサC は負荷の電圧を平滑化するために用いる．直流電源の電圧をE [V]，出力電圧をE_0 [V] としている．

ここでインダクタンス（コイル）L について説明する．インダクタンスL は機械システムにおけるフライフォイールのような役目を果

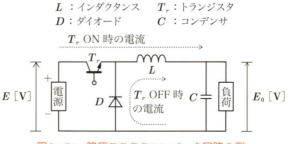

図2・74　降圧DC-DCコンバータ回路の例

2.11 DC-DC コンバータの原理

たしている.フライフォイールは,回転させるためにはエネルギーが必要であるが,回りはじめると,今度はそのまま回転を続けようとする.インダクタンス L も同様な働きがあり,電流が流れはじめると,そのまま電流を流し続けようとする.DC-DC コンバータはこの特性を利用している.

電流の流れを説明する.トランジスタ Tr を ON にすると,電流は,トランジスタ Tr,インダクタンス L,負荷の経路で流れる.電源から電力が負荷に出力されるとともに,インダクタンス L にも電磁エネルギーが蓄積される.

続いて,トランジスタ Tr が OFF になると,インダクタンス L のトランジスタ Tr 側はダイオード D を通してグランドに接続される.そうすると,電流は減少しようとするが,インダクタンス L はそのまま電流を流そうとするため,負荷側へ電流が流れる.この電流は,ダイオード D を通じて,インダクタンス L,負荷,そしてインダクタンス L へと流れる循環電流となる.ただし,エネルギーの供給がないため,電圧は低下していく.直流チョッパ回路と同じような動

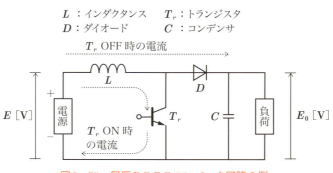

図 2・75 昇圧 DC-DC コンバータ回路の例

作となり，負荷への電圧は降下する．

(iii) 昇圧DC-DCコンバータ

図2・75に昇圧DC-DCコンバータの回路例を示した．トランジスタTr，インダクタンスL，ダイオードD，そしてコンデンサCで構成されている．コンデンサCは負荷の電圧を平滑化するために用いている．直流電源の電圧をE[V]，出力電圧をE_0[V]としている．

電流の流れを説明する．トランジスタTrをONにすると，電流は，インダクタンスL，トランジスタTrの経路で流れて，電磁エネルギーがインダクタンスLに蓄積される．トランジスタと負荷を比べると，負荷の抵抗が大きいため，負荷には電流は流れにくく，トランジスタのほうのみ電流が流れる．

続いて，トランジスタTrをOFFにすると，インダクタンスLに蓄えられた電磁エネルギーが直流電源電圧に加算される．これにより，電圧を上げることができる．

E_0の大きさは次のように求められる．トランジスタTrがONの時間をT_{ON}，OFFの時間をT_{OFF}，流れる電流をiとする．蓄えられるエネルギー（総消費電力，電力量）は，電圧，電流，そして時間の積となる（2.2参照）．つまり，

・T_{ON}時にインダクタンスLに蓄えられるエネルギー：

$$E \times i \times T_{ON}$$

・T_{OFF}時に負荷に移動するエネルギー：

$$(E_0 - E) \times i \times T_{OFF}$$

・この二つのエネルギーは等しいため，

$$E \times i \times T_{ON} = (E_0 - E) \times i \times T_{OFF}$$

よって，

2.11 DC-DC コンバータの原理

$$E_0 = \frac{T_{\mathrm{ON}} + T_{\mathrm{OFF}}}{T_{\mathrm{OFF}}} \times E$$

となる．ここで，

$$\frac{T_{\mathrm{ON}} + T_{\mathrm{OFF}}}{T_{\mathrm{OFF}}} > 1$$

より，負荷電圧 E_0 は電源電圧 E よりも大きくなり，昇圧となる．

3 燃料電池車の応用

第3編では，小型電気自動車の競技会に出場する目的で大学にて製作した一人乗り小型燃料電池車の説明を行う．小型燃料電池車の設計条件，競技会，駆動システムの計算，走行抵抗の考え方，水素の使用方法であるエネルギー・マネジメントの考え方，実際に製作した小型燃料電池車のシステム構成などを説明する．公道を高速で走行する燃料電池車とは規模・技術内容などかなり異なるが，実際に製作することで基礎的な理解が深まることを期待している．

3.1 小型燃料電池車の設計条件

小型燃料電池車の設計を行うにあたり，次の条件を設定した．

- 一人乗りのエコラン・カー．車体重量30 kg，搭乗者体重70 kg，総重量100 kg程度を想定．
- 100 Wの燃料電池を使用．2.2(vi)(vii)で説明したホライゾン製100 Wを使用．最大18 V，定格12 V，8 A程度．
- 3輪駆動．後輪1輪を駆動輪とする．
- 20インチのエコラン・タイヤを使用．半径 $R = 0.25$ m．転がり係数は0.003程度．
- 駆動モータは，2.6で説明した80 W直流モータを使用．公称電圧18 V，最大トルク時の回転数6 640 rpm，最大連続トルク0.12 N·m，最大連続電流5.32 A，トルク定数0.0234 N·m/A．
- 駆動モータは，トルクと出力を増すために，4個並列で使用．ト

3 燃料電池車の応用

ルク定数は変わらないと仮定.1個当たり80 Wのため,合計で320 Wとなる.最大連続トルクは0.48 N·m(4×0.12 N·m),そして最大連続電流は21.3 A(4×5.32 A)と4倍になる.モータを4個並列にすることで,モータの巻線の断面積を4倍にして流せる電流を増やしたと考えてもよい.あるいは,4輪自動車が4個のタイヤそれぞれにインフォイール・モータを取り付けたと考えてもよい.

・駆動システムは,歯車減速とスプロケット・チェーンの二段減速システムとする.機械的効率は,歯車で90%程度,スプロケット・チェーンで80%程度,モータで80%程度を想定しており,合計で60%程度を想定.

・駆動回路は2.7で説明したMOSFET回路を使用する.ボリューム(可変抵抗)のアナログ信号で速度指令を行う.そのアナログ速度指令をマイコンに入力してPWM信号をMOSFET回路に出力する.

・瞬間的に出力を増加させるため,電気二重層キャパシタを使用.平坦路では燃料電池の100 W以内で走行する.しかしながら,燃料電池は非常に非力なので,坂道などでは電気二重層キャパシタを使用して出力を上げる.1個当たり2.5 V・120 Fの電気二重層キャパシタを6直3並列して用いる.

・燃料電池の保護用に電流制限回路を使用する.

・速度計には市販の自転車用速度計を用いる.マイコンで製作してデータを取得できるようにしてもよい.

・電流・電圧計を設置する.市販品を使用するが,マイコンで製作してもよい.

・車体はアルミ角材などを使用して,加工を楽にする.

- 駆動システムは，燃料電池の性能，モータの性能，走行抵抗，走行コースなどを考慮して計算を行い設計する．しかしあくまで色々な仮定を置いた計算・設計であるため，おおまかな目安とする．調整の余地を残しておく．たとえば，駆動システムの減速比は計算・設計値の前後値を使えるように設計する．

3.2 小型燃料電池車の競技会

　毎年，秋田県大潟村で，五月連休中に，小型電気自動車競技会であるワールド・エコノ・ムーブ（WEM：World Econo Move）[36]が開催されている．自転車と同じくらいの重さの一人乗りの小さな電気自動車の競技会である．大潟村の環境，競技会，競技コースなどを説明する．

(i) 大潟村の環境

　競技会にとって自然環境は重要である．大潟村のホームページ（www.ogata.or.jp）[37]を参考にして大潟村の環境を説明する．図3・1に大潟村と八郎潟を示した．秋田県に位置する八郎潟は，食料危機を解決すべく干拓され，1964年に大潟村が誕生した．八郎潟は琵琶湖につぐ日本第二の面積を誇る湖であった．東西12 km，南北27 km，総面積2万2 024 ha．大潟村は海水を汲み上げて干拓されたため，海抜平均マイナス3 mである．大潟村では二ヵ所で配水を行っている．干拓地のため，平坦で直線的な道路が続いている．

　競技会場は，大潟村の西南に位置している．秋田市方面からは男鹿線の船越駅で下車し，車で約15分程度のところにある．距離にして約6 km程度．競技会場から村役場まではさらに15 km程度ある．日本海に近く，風をさえぎるものがあまりなく，かなり強風になる場合がある．

3 燃料電池車の応用

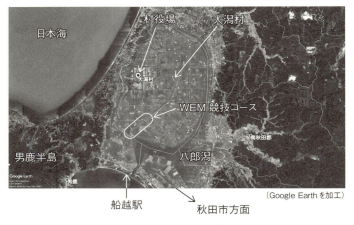

(Google Earth を加工)

図3・1 大潟村と八郎潟

(ii) ワールド・エコノ・ムーブの燃料電池部門

　WEMはその大潟村で開催される競技会である．競技会の運営も大潟村の人たちが中心になって行っている．WEMは1995年から続く歴史のある大会であり，燃料電池（FC）部門も2003年から続いている．世界的に見ても，電気自動車や燃料電池車の競技会がこれだけ長く続いているのは珍しい．興味のある人は大会のホームページ（http://wgc.or.jp/WEM/）を参照してほしい．大会の詳しい写真も載っており，様子がよくわかると思う．

　燃料電池部門では，水素吸蔵合金ボンベが2本貸与される．実際に貸与されるものとは異なるが，図3・2に示すような手に乗るサイズのボンベである．一本当たり水素60 L（約5 g）が入っており，合計で120 Lとなる．この水素を使って2時間の競技時間内で走れる距離を競う．つまり，2時間で120 L使用可能なため，1分間当たり

3.2 小型燃料電池車の競技会

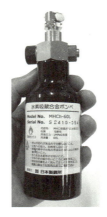

日本製鋼製
水素吸蔵
合金ボンベ
（MHCh-60 L）

図3・2 水素吸蔵合金ボンベの例

1 Lの水素が使える．余裕をみると，1分間当たり0.8 L程度の水素が使えることとなる．

水素吸蔵合金ボンベは，通常の圧力ボンベに比較して，同じ体積でも大きな容量の水素を貯蔵でき，また安全である．ただし，水素を急激に放出すると急激にボンベの温度が下がり，水素を放出できなくなることもある．少し，使い方にコツがいる．

(iii) ワールド・エコノ・ムーブの競技コース

図3・3にWEM用競技コースの全体を示した．競技コースは，干拓地の中心を南西から東北に向かうようにつくられ，片道約3 km，1周約6 kmである．大潟村の中央を走る中央幹線排水路の横を並走する形である．図3・4には，最初のスタート・グリッド，コーナー，ピット・エリアを示した．図3・5には，途中の直線コースを示した．図3・6には，折り返し地点を示した．干拓地のためほぼ平坦な直線コースとなっている．コースの特徴と注意事項は以下のと

3 燃料電池車の応用

図3・3　ワールド・エコノ・ムーブの競技コース全体

図3・4　スタート・グリッド最初のコーナー（下り坂）

3.2 小型燃料電池車の競技会

(Google Earth を加工)

図3・5　平坦な直線コース

(Google Earth を加工)

図3・6　折り返し

3 燃料電池車の応用

おりである.

競技コースの特徴：
- 一本道を往復するようなコースである.
- スタート・グリッドは平均 2 ％程度の上り坂.
- 続いて，半径 40 m 程度の緩やかなコーナー.
- その後，少し下り坂が続く.
- 後は，延々と直線コースが続く.
- 折り返し地点は半径 20 m 程度のコーナー．競技中は事故防止のため，乗用車のタイヤをコーナーに並べて，防護壁を設置している.
- 折り返しを過ぎるとまた平坦な直線コースが続く.

注意事項：
- スタート・グリッドは平均的には 2 ％の上り坂であるが，局所的に 3 ％程度のところもある．車両設計上は 3 ％程度の上り坂と考えたほうがよい．ただし，長時間ハイパワーを出力する必要はなく，短時間のみでよい．電気二重層キャパシタが有用.
- コーナーは比較的に緩やかであるが，他チームの車両を避けたりする必要があり，車両の最小回転半径は 5 m 程度以下にする必要がある.
- 日本海からの風をさえぎるものがあまりないため，強風となる場合がある．風が強い場合には，たとえば往路が追い風になると，復路は向かい風となる．エコラン・カーにとって向かい風は非常に辛い走行条件となる．使用する燃料電池の出力が低く，さらにはあまり多くの水素も使えない．そのため，走行速度が遅くても車体の空気抵抗はなるべく小さくしたほうがよい.

3.3 走行抵抗の計算

競技用車両を設計する際に重要となる走行抵抗の考え方を説明する．2.6では，直流モータを用いた駆動システムの計算例を説明した．その中では，転がり抵抗のみの計算を行った．転がり抵抗はあまり速度には依存しないので，取り扱いが楽である．今回は，空気抵抗と勾配抵抗を追加したもう少し詳しい走行抵抗を説明する．

走行抵抗には，転がり抵抗，空気抵抗，勾配抵抗，加速抵抗がある．エコランを想定し，緩慢な加速としているため，加速抵抗は無視した．また，タイヤの慣性モーメントも無視した．

(i) 転がり抵抗

転がり抵抗は基本的に車両の重量に比例する．転がり抵抗係数は，タイヤの性能で決まるため，エコランでは転がり抵抗係数が小さいタイヤを使用する．

$$F_\mathrm{r} = \mu m g \ [\mathrm{N}]$$

ただし，

- μ：タイヤの転がり抵抗係数（無次元）．エコラン・タイヤで0.003程度．
- m：車両総質量 [kg]．質量30 kgのエコラン・カーに体重70 kgのドライバーが搭乗した場合を想定すると，車両総質量 m は100 kg．
- g：重力加速度 [m/s^2]．9.81 m/s^2

今，$\mu = 0.003$，$m = 100$ kgとすると，$g = 9.81$ m/s^2 より，

$$F_\mathrm{r} = 0.003 \times 100 \ \mathrm{kg} \times 9.81 \ \mathrm{m/s^2} = 約 \ 2.94 \ \mathrm{N}$$

となる．速度に依存しないと仮定している．

3 燃料電池車の応用

(ii) 空気抵抗

　空気抵抗は基本的に車両の前面投影面積に比例する．前面投影面積とは，車両を前面から見たときの面積である．エコラン・カーは速度が遅いため，空気抵抗は気にしなくてもよいと考える設計者もいる．しかし，前方から強風が吹いた場合には，車両が停止していても，大きな空気抵抗が発生する．なるべく空気抵抗が小さい設計が望まれる．

$$F_\mathrm{a} = \frac{C_\mathrm{d} \rho S}{2v^2}\ [\mathrm{N}]$$

ただし，

- C_d：空気抵抗係数（無次元）．車体を流線型（涙の滴形）につくると小さい値となる．一般乗用車で0.25から0.4程度．エコラン・カーで0.15程度．ただし，設計により変わる．
- ρ：空気の密度 $[\mathrm{kg/m^3}]$．20℃，1気圧，乾燥空気で，1.2 $\mathrm{kg/m^3}$．
- S：車両前面投影面積 $[\mathrm{m^2}]$．エコラン・カーを想定して，縦0.6 m，横0.7 mとすると，$S = 0.42\ \mathrm{m^2}$程度となる．
- v：車両走行速度（相対流速）$[\mathrm{m/s}]$．ここで注意が必要である．空気抵抗は相対的な流速で決まる．もし，時速20 km（約5.56 m/s）の風が前方から吹いていると仮定すると，車両が停止（速度がゼロ）であっても，時速20 km分の空気抵抗が発生する．

　今，$C_\mathrm{d} = 0.15$，$\rho = 1.2\ \mathrm{kg/m^3}$，$S = 0.42\ \mathrm{m^2}$とすると，空気抵抗は次式のように求められる．

$$\begin{aligned}F_\mathrm{a} &= 0.15 \times 1.2\ \mathrm{kg/m^3} \times \frac{0.42}{2}\ \mathrm{m^2} \times v^2\ [\mathrm{N}] \\ &= 0.038 \times v^2\ [\mathrm{N}]\end{aligned}$$

3.3 走行抵抗の計算

いくつかの例を計算すると,次式となる.

時速10 km(約2.78 m/s)の場合:約0.29 N

時速20 km(約5.56 m/s)の場合:約1.17 N

時速30 km(約8.33 m/s)の場合:約2.64 N

(iii) 勾配抵抗

勾配抵抗は,上り坂のときに大きくなる.転がり抵抗や空気抵抗よりも大きな数値になりやすい.エコラン・カーの場合には,走行コースに合わせて設計を行う.

$$F_e = mg \sin \theta$$

ただし,

・θ:坂路勾配 [°]

勾配抵抗を計算してみる.2%の上り坂とすれば,$\tan \theta = 2/100$より,$\theta =$ 約$1.15°$となり,

$$F_e = 100 \text{ kg} \times 9.81 \text{ m/s}^2 \times \sin(1.15°) = 約19.6 \text{ N}$$

となる.

競技コースの最初はスタート・グリッドで,約2%の上り坂が続くが,局所的には3%のところもある.それゆえ,駆動システムの設計は,3%勾配を想定して行う必要がある.3%勾配への対応は,燃料電池だけでは不足するため,電気二重層キャパシタで行う.

下り坂では逆に,勾配抵抗分の力で車体を押すこととなり,燃料電池の電源をOFFにして走行できる.

(iv) 走行抵抗のまとめ

以上をまとめると,

・スタート・グリッド(2%上り坂・時速20 km)の場合:

転がり抵抗$F_r =$ 約2.94 N,空気抵抗$F_a =$ 約1.17 N,勾配抵抗$F_e =$ 約19.6 Nより,

3 燃料電池車の応用

　　　全抵抗 $F = 2.94 + 1.17 + 19.6 =$ 約 21.4 N
・下り坂（2 ％下り坂・時速 20 km）の場合：
　転がり抵抗 $F_r =$ 約 2.94 N，空気抵抗 $F_a =$ 約 1.17 N，勾配抵抗 $F_e =$ 約 -19.6 N より，

　　　全抵抗 $F = 2.94 + 1.17 - 19.6 =$ 約 -15.5 N

　つまり，燃料電池の電源を OFF にして走行が可能．燃料電池の発熱と水素の消費を抑えられる．
・平坦な直線コース（時速 20 km，追い風・向かい風なし）の場合：
　転がり抵抗 $F_r =$ 約 2.94 N，空気抵抗 $F_a =$ 約 1.17 N，勾配抵抗なし，

　　　全抵抗 $F = 2.94 + 1.17 =$ 約 4.11 N
・平坦な直線コース（時速 20 km，追い風（風速 5.56 m/s，時速 20 km））の場合：
　転がり抵抗 $F_r =$ 約 2.94 N，空気抵抗 $F_a =$ 約 1.17 N，勾配抵抗なし，

　　　全抵抗 $F = 2.94 + 1.17 - 1.17 =$ 約 2.94 N
・平坦な直線コース（時速 20 km，向かい風（風速 5.56 m/s，時速 20 km））の場合：
　転がり抵抗 $F_r =$ 約 2.94 N，空気抵抗 $F_a =$ 約 1.17 N，勾配抵抗なし，

　　　全抵抗 $F = 2.94 + 1.17 + 1.17 =$ 約 5.28 N

3.4　減速比と最高速度の計算

　走行抵抗を基に，駆動トルク，駆動電流，駆動出力，減速比，最高速度の検討を行う．減速比を大きくすると，出力トルクは増大するが，最高速度は低下する．バランスのよい設計が望まれる．同様

3.4 減速比と最高速度の計算

に，駆動電流も使用モータの最大連続電流以下，駆動出力も最大出力以下としなければならない．減速比は何回か変更して最適値を求める．

注意が必要である．ここで行っている計算は，おおまかな方針を得るためのオーダー確認であるということである．たとえば，駆動システムの減速比が20：1と計算値が得られても，機構システムの設計上は減速比を変更できるようにし，16：1から24：1まで変更できるようにする．これは実際に競技コースを試験走行して決める．

(i) 上り坂を考慮した計算

・駆動トルク：スタート・グリッド（2％上り坂・時速20 km）の場合，走行抵抗は約21.4 Nのため，タイヤ半径 $R = 0.25$ m より，駆動トルク T [N·m] は，

$$T = FR = 21.4 \text{ N} \times 0.25 \text{ m} = 約5.35 \text{ N·m}$$

・モータ駆動トルク：モータ最大連続トルクは，0.12 N·m である．

$$T_\mathrm{m} = 0.12 \text{ N·m}$$

・減速比を計算すると，次式となる．

$$\frac{T}{T_\mathrm{m}} = \frac{5.35}{0.12} = 約45$$

・減速比45での最高回転数：モータの最大トルク時の回転数は6 640 rpm（398 400 rev/h）であるため，減速機で約1／45となり，約148 rpm（約8 850 rev/h）となる．

$$\omega_\mathrm{m} = 約8\,850 \text{ rev/h}$$

・減速比45での最高速度 v [km/h]：タイヤの円周は，$2\pi R = 2\pi \times 0.25 = 1.57$ m．速度 v [km/h] は，次式と計算される．

$$v = 1.57 \text{ m} \times 8\,850 \text{ rev/h} = 約13.9 \text{ km/h}$$

つまり，最高速度は14 km/h程度となる．少し遅いため，再度

3 燃料電池車の応用

計算を行ってみる.
- 最高速度を 30 km/h 程度とするために,減速比を 23 に変更してみる.すると,モータ駆動トルクは,次式となる.

$$T_\mathrm{m} = \frac{T}{23} = \frac{5.35}{23} = 約 0.23 \text{ N·m}$$

つまり,モータ 1 個の最大連続トルクは 0.12 N·m のため,モータは 2 個必要となる.今回は,余裕を見て,4 個のモータを使用しているため,問題はない.

- 駆動電流は,モータ駆動トルク T_m をトルク定数 K_T で除し,以下のように求められる.

$$I_\mathrm{m} = \frac{T_\mathrm{m}}{K_\mathrm{T}} = \frac{0.23 \text{ N·m}}{0.023\ 4 \text{ N·m/A}} = 9.83 \text{ A}$$

駆動システムの全体的な効率を 60 % 程度とすると,駆動電流は約 16.4 A となる.モータを 4 個並列にした結果,最大連続電流は約 21.3 A となった.今回減速比を変更したために,モータ 1 個当たりの最大連続電流 5.32 A を超えた値となっているが,問題はない.

- 駆動出力 W [W]:駆動電圧を 18 V とすると,次式で計算できる.

$$W = 18 \text{ V} \times 9.83 \text{ A}$$
$$= 約 177 \text{ W}$$

駆動システムの効率を 60 % 程度すると,駆動出力は 295 W 程度となる.モータを 4 個並列にしたことで,モータの合計出力が 320 W となり,計算値の約 295 W は使用可能である.

燃料電池は 100 W であるため,この駆動出力値は使用できない.オーバーロードで故障の原因となる.この出力を使用する場合は,電気二重層キャパシタを並列接続して対応する.

3.4 減速比と最高速度の計算

(ii) 平坦路（追い風・向かい風なし）を考慮した計算

・平坦な直線コース（時速20 km，追い風・向かい風なし）の場合：
走行抵抗は約4.11 Nのため，駆動トルク T [N·m]は，

$$T = FR = 4.11 \text{ N} \times 0.25 \text{ m} = 約1.03 \text{ N·m}$$

・トルク定数を用いて駆動電流を計算する．減速機で1/23されているので，仮想的に，

$$T_\mathrm{m} = \frac{T}{23} = \frac{1.03}{23} = 0.044\,8 \text{ N·m}$$

トルク定数で除して，

$$I_\mathrm{m} = \frac{T_\mathrm{m}}{K_\mathrm{T}} = \frac{0.044\,8}{0.023\,4} = 2.09 \text{ A}$$

駆動システムの機械的効率を60％程度とすると，駆動電流は3.48 A程度となる．燃料電池の出力電流範囲に収まっている．

・駆動出力 W [W]：駆動電圧を18 Vとすると，次式と計算される．

$$W = 18 \text{ V} \times 2.09 \text{ A}$$
$$= 約37.6 \text{ W}$$

駆動システムの機械的効率を60％程度とすると，駆動電力は62.7 W程度となる．燃料電池の出力電力範囲に収まっている．

(iii) 平坦路（向かい風あり）を考慮した計算

・平坦な直線コース（時速20 km，向かい風（風速5.56 m/s，時速20 km））の場合：
走行抵抗は約5.28 Nのため，駆動トルク T [N·m]は，

$$T = FR = 5.28 \text{ N} \times 0.25 \text{ m} = 約1.32 \text{ N·m}$$

・トルク定数を用いて駆動電流を計算する．減速機で1/23されているので，仮想的に，

$$T_\mathrm{m} = \frac{T}{23} = \frac{1.32}{23} = 0.057\ 4\ \mathrm{N\cdot m}$$

トルク定数で除して,

$$I_\mathrm{m} = \frac{T}{K_\mathrm{T}} = \frac{0.057\ 4}{0.023\ 4} = 2.45\ \mathrm{A}$$

駆動システムの機械的効率を60％程度とすると,駆動電流は4.1 A程度となる.燃料電池の出力電流範囲に収まっている.

・電力 W [W]:駆動電圧を18 Vとすると,次式と計算される.

$$W = 18\ \mathrm{V} \times 2.45\ \mathrm{A} = 約44\ \mathrm{W}$$

駆動システムの機械的効率を60％程度とすると,駆動電力は73 W程度となる.燃料電池の出力電力範囲に収まっている.

3.5 水素エネルギー・マネジメント

走行パターンを決めて,競技コースを走行する場合の水素の使用量を算出してみる.2.2で説明した100 W燃料電池(Horizon H-100)では,100 Wの出力が1 L/minの水素流量で得られる.近似的に,出力と水素流量は比例すると仮定する.出力と水素流量の詳細な関係は,図2・12を参照してほしい.実際には,走行条件に応じて速度を変更して走行距離を伸ばす.しかし今回は検討を楽にするため,一定速度での走行を仮定している.

図3・3に示した競技コースを次のようにいくつかの領域に分けて順に検討する.ただし,(T1)電気二重層キャパシタへの充電は,走行前に一回のみとしている.

(T1) 電気二重層キャパシタへの充電
・電気二重層キャパシタは,電圧を最初は10％以下にしておき,走行開始前に充電する.スタート時や上り坂時に,充電エネルギー

3.5 水素エネルギー・マネジメント

を使用する.

(T2) 上り坂(200 m)
- スタート・グリッドから200 mの2％の上り坂を時速20 km (5.56 m/s)で走行. 燃料電池は80 Wで出力. 不足分は電気二重層キャパシタで出力. 燃料電池とキャパシタを並列接続した場合, キャパシタの内部抵抗が小さいため, キャパシタから電流が流れる.

(T3) 下り坂(200 m)
- 半径約40 mコーナーの途中からの2％下り坂を時速20 km (5.56 m/s)で走行. 下り坂のため, 燃料電池はOFFにして走行が可能. 燃料電池の出力は駆動力に使わず, 電気二重層キャパシタへの充電に使用することも可能.

(T4) 平坦な直線コース(追い風・向かい風なし)
- 平坦な直線コース2.8 kmを時速20 km (5.56 m/s)で走行. ただし, 追い風も向かい風もなしと仮定.

(T5) 平坦な直線コース(向かい風あり)
- 平坦な直線コース2.8 kmを時速20 km (5.56 m/s)で走行. ただし, 風速5.56 m/s (時速20 km)の向かい風あり.

各領域の水素使用量を計算すると次のようになる.

(T1) 電気二重層キャパシタへの充電：充電は, 80 W (0.8 L/min)で5分間の充電. 水素使用量は, 0.8 L/min × 5 min = 4 L.

(T2) 上り坂(200 m)：走行時間は, 200 m/(5.56 m/s) = 約36.0 s = 約0.6 min, 駆動出力は80 W (0.8 L/min)より, 水素使用量は, 0.8 L/min × 0.6 min = 0.48 L.

(T3) 下り坂(200 m)：走行時間は約0.6 min. 水素使用量はゼロ.

(T4) 平坦な直線コース(追い風・向かい風なし)：走行時間は, 2 800

3 燃料電池車の応用

　　　　m/(5.56 m/s) ＝ 約504 s ＝ 約8.39 min，駆動出力は約62.7
　　　　W (0.627 L/min) より，0.627 L/min × 8.39 min ＝ 5.26 L．
（T5）　平坦な直線コース（向かい風あり）：走行時間は，2 800 m/
　　　　(5.56 m/s) ＝ 約504 s ＝ 約8.39 min，駆動出力は約73 W
　　　　(0.73 L/min) より，0.73 L/min × 8.39 min ＝ 6.12 L．

　1周は (T2) から (T5) である．1周の走行時間は約18分，水素使用量は約11.9 Lとなる．周回数は，120 min/18 min ＝ 6.67回．走行距離は，約40 km．水素使用量の周回分は79.4 Lになる．最初の (T1) 電気二重層キャパシタ充電分4 Lと合計すると83.4 Lとなる．競技会で貸与される水素120 L以内で走行ができている．

　合計120 Lの水素ボンベを使用しているため，まだ水素が残っている．興味がある読者は2時間で水素120 Lを使い切る走行パターンの水素エネルギー・マネジメントを検討してほしい．今回，検討を容易にするために，走行速度は一定とした．走行負荷が小さいときには，走行速度を上げられる．速度を変更することで，走行距離を伸ばしてほしい．

　ただし，あくまで色々と仮定した条件の基でのシミュレーションであることに注意が必要である．おおまかな走行パターンは予想できるが，実際の走行は異なる．

　競技中は，水素吸蔵合金ボンベの過冷却，燃料電池の発熱，電装システムの故障など各種のトラブルが発生する可能性がある．トラブルが発生したときに，いかに迅速に対応できるかが競技結果を左右する．そのような活躍により技術的に成長することができる．皆さんの活躍を期待する．

3.6　製作した小型燃料電池車

　実際に製作した小型燃料電池車の説明を行う．前述の秋田県大潟村で五月連休中に開催されるワールド・エコノ・ムーブの燃料電池部門への出場車両である．

　使用主要部品は以下のとおりである．詳細な内容については，第2編の各項目を参照．

- 燃料電池：ホライゾン製（H-100）．
- 水素ボンベ：大会から貸与．60 L水素吸蔵合金ボンベ2本．
- 駆動直流モータ：Maxon motor製 DC35L．4個を並列使用．
- 直流モータ駆動回路：MOSFET駆動．ボリュームのアナログ信号をpicマイコンに入力．PWM信号をMOSFETに出力．
- 駆動システム：ギアボックスとスプロケット・チェーンの二段減速．ギアボックスではモータ4個を並列駆動．ギアボックスの出力をスプロケット・チェーンに伝える．
- 水素減圧レギュレータ：SMC製レギュレータ．AR20-01-1-A．
- ハンドバルブ：PISCO製 HV6-6-2W．
- 水素流量計：アズビル製マスフローメータ（水素・ヘリウム対応モデル）CMS0010．
- 電流逆流防止ダイオード：IXYS製 DSS 2×101-015A
- 電流制限回路：浪越エレクトロニクス製パワーコントローラ MPC520．
- 電気二重層キャパシタ：秋月電子通商 Vina Technology Co., Ltd. 2.5 V，120 F．6直列3並列．
- タイヤ：20インチ・エコラン・タイヤ．3個使用．
- 速度計：自転車用スピードメータ．

3 燃料電池車の応用

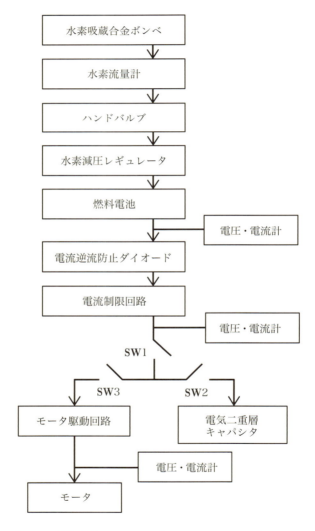

図3・7 燃料電池を用いた駆動システムのエネルギーフロー

3.6 製作した小型燃料電池車

- 電圧・電流計：アナログメータを使用．
- 切替スイッチ．

図3・7に燃料電池を用いた駆動システムのエネルギーフローを示した．エネルギーフローは以下のとおりである．

- 水素吸蔵合金ボンベより水素が供給される．
- 水素の流量は水素流量計にて計測される．
- 燃料電池への水素の供給はハンドバルブにてON／OFFされる．車両を停止時にはOFF．
- 水素減圧レギュレータにより，燃料電池への水素供給圧力は調整される．
- 燃料電池が圧力調整された水素を受け取り，発電する．
- 燃料電池出力の電圧と電流は電圧・電流計にて計測される．
- 電流制限回路にて燃料電池が過大な電流を流さないようにする．
- 電流制限回路の電圧と電流は電圧・電流計にて計測される．
- モータ駆動回路と電気二重層キャパシタは並列接続する．
- 切替SWを3個設けて，エネルギーフローを制御する．
- モータはモータ駆動回路の出力を受け取る．

切替SWの操作は以下のようにする．

- SW1はメインSWとなる．車両停止時にはSW1 = OFF．
- 車両走行・停止時は，電気二重層キャパシタの電圧は10％以下にする．走行開始前に充電を開始する．充電はSW1 = SW2 = ON，SW3 = OFF．
- 走行開始時（または上り坂時）には，SW1 = SW2 = SW3 = ON．このモードにより，燃料電池と電気二重層キャパシタの両者が電力をモータ駆動回路に出力．
- 下り坂時には，SW1をOFF．燃料電池を休ませる．あるいは，

3 燃料電池車の応用

SW1 = SW2 = ON，SW3 = OFFにて，電気二重層キャパシタに充電．

・平地走行時には，SW1 = ON，SW2 = OFF，SW3 = ON．

車両の機構システムとしては，前輪2輪で操舵を行い，後輪1輪で駆動を行うシステムとした．アライメントが調整しやすい機構とした．

図3・8に4モータ歯車減速システムを示した．各モータに小さな歯車を連結し，その小さな歯車で大きな歯車を回転させる．これにより，駆動電流と駆動出力の増大を図っている．燃料電池の電圧が低く，その電圧で高い出力のモータが選定できなかったため，このような設計を行った．

図3・9に駆動システムの機構部全体を示した．前述の4モータ歯車減速システムにスプロケット・チェーン・システムを組み合わせて二段の減速システムを構成した．スプロケットのサイズを変更すると容易に減速比を変更できるシステムである．

図3・10にカウルとよばれるボディの写真を示した．WEM2010に出場した車体である．本格的なチームはカーボンを使って完全な

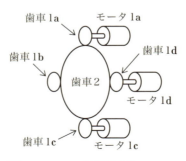

図3・8　4モータ歯車減速システム

3.6 製作した小型燃料電池車

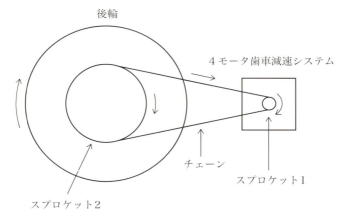

図3・9　駆動システムの機構部全体

図3・10　プラスチック段ボールを用いてカウル（ボディ）を製作した例
（WEM2010出場車体）

流線型を実現している．カーボンでなくても，低コストで，ある程度の流線型は製作可能である．写真のボディは工作用材料であるプ

ラスチック段ボールで製作した例である．軽く，製作時間も少なく，失敗時につくり直しも容易である．

今後，より深い内容について学習したい読者は参考文献に挙げた文献を読んでほしい．とくに，文献[38]はWEM用車両の技術的な内容について書かれている．また，文献[39]は，WEMよりもさらに小出力の20 Wの燃料電池を用いた競技車両について書かれている．文献[40-42]では，1 kW級燃料電池を用いた車両について書かれている．文献[43-45]では，燃料電池の代わりに，植物油を用いたバイオディーゼル発電で走る電気自動車について書かれている．

参考文献

[1] http://www.ipcc.ch/report/ar5/syr/: Intergovernmental Panel on Climate Change, Climate Change 2014: Synthesis Report
[2] http://www.mlit.go.jp/sogoseisaku/environment/sosei_environment_tk_000007.html：国土交通省ホームページ，運輸部門における二酸化炭素排出量
[3] 内嶋善兵衛，〈新〉地球温暖化とその影響―生命の星と人類の明日のために―，裳華房（2008）
[4] 国立天文台，理科年表　平成21年，丸善（2016）
[5] 田近英一，［大人のための図鑑］地球・生命の大進化―46億年の物語―，新星出版社（2014）
[6] 西本昌司，地球のはじまりからダイジェスト　地球のしくみと生命進化の46億年，合同出版（2011）
[7] 羽田　正，興亡の世界史　第15巻　東インド会社とアジアの海，講談社（2014）
[8] 浅田　實，講談社現代新書　東インド会社　巨大商業資本の盛衰，講談社（2014）
[9] 岩根圀和，物語　スペインの歴史，中央公論新社（2014）
[10] 長谷川貴彦，世界史リブレット116 産業革命，山川出版社（2014）
[11] 青山吉信・今井宏　編，概説イギリス史［新版］，有斐閣（2007）
[12] 近藤和彦，イギリス史10講，岩波書店（2014）
[13] 宮沢賢治絵童話集第10巻　グスコーブドリの伝記，くもん出版（2009）
[14] グスコーブドリの伝記，バンダイビジュアル（2013）
[15] Y.Takahashi, Fieldwork of Casa Rural de Espana: Energy Self-Sufficient Rural Cottage in Spain, Int. Workshop on Environmental Engineering, pp.1-6 (2014)
[16] http://www.kaanoetxea.com/
[17] 森本雅之，電気自動車，森北出版（2015）
[18] 石川憲二，しくみ図解シリーズ　電気自動車が一番わかる，技術評論社（2011）
[19] Ernest H. Wakefield, History of the Electric Automobile Hybrid Electric Vehicles, Society of Automotive Engineers Inc. (1998)
[20] 廣田幸嗣・小笠原悟司・船渡寛人・三原輝儀・出口欣高・初田匡之，電気自動車工学，森北出版（2014）

- [21] 自動車技術ハンドブック編集委員会，自動車技術ハンドブック—10設計（EV・ハイブリッド）編，自動車技術会（2011）
- [22] Panasonic社ホームページ：http://panasonic.co.jp/ap/FC/construction_01.html
- [23] CARTOP MOOK ニューカー速報プラス 第15弾 TOYOTA MIRAI，交通タイムス社（2014）
- [24] Horizon社ホームページ：http://www.horizonfuelcell.co.jp/
- [25] 細田條，トコトンやさしい2次電池の本，日刊工業新聞社（2012）
- [26] 関勝男，スッキリ！がってん！二次電池の本，電気書院（2015）
- [27] 小林哲彦・宮崎義憲・太田璋，図解でナットク！二次電池—基礎と応用技術の最前線—，日刊工業新聞社（2015）
- [28] 後藤道夫・盛口襄・米村 伝治郎，工学院大学広報部監修，おもしろ理科実験集2，シーエムシー（2000）
- [29] 日本機械学会pico EV・エコチャレンジホームページ：http://picoev.main.jp/
- [30] 見城尚志・佐渡友茂・木村玄，イラスト図解 最新小型モータのすべてがわかる，技術評論社（2012）
- [31] 谷腰欣司，図解 モーターのしくみ，日本実業出版社（1998）
- [32] 高橋良彦，ロボティクス入門（新教科書シリーズ），裳華房（2013）
- [33] 粉川昌巳，絵ときでわかる パワーエレクトロニクス，オーム社（2005）
- [34] 岡山努，スイッチングコンバータ回路入門（Electronic Engineering Books），日刊工業新聞社（2009）
- [35] 高橋良彦，製作実習で学ぶロボティクス入門，オーム社（2006）
- [36] ワールド・エコノ・ムーブホームページ：http://wgc.or.jp/WEM/
- [37] 大潟村ホームページ：www.ogata.or.jp
- [38] Y. Takahashi, Ultra Light Weight Fuel Cell Electrical Vehicle (ULFCV), IEEE Int. Symposium on Industrial Electronics, pp.189-194 (2009)
- [39] Y.Takahashi, M.Tomike, and T.Hirayama, pico FCV: Small Single-Operator Electric-Vehicle Using 20W Hydrogen Fuel Cell Developed for Mechatronics Education, J. Robotics and Mechatronics, Vol.26, no.4, pp.515-517 (2014)
- [40] S.Yamaguchi, T.Yamazaki, Y.Namekawa, and Y.Takahashi,

Hybrid Energy Control Using DC-DC Converter for Single Operator Fuel Cell Vehicle, IEEE Vehicle Power and Propulsion Conference (VPPC), pp.1188-1193 (2012)

[41] T.Yamazaki, Y.Namekawa, S.Yamaguchi, and Y.Takahashi, Dual Drive Train for Single Operator Fuel Cell Vehicle, IEEE Vehicle Power and Propulsion Conference (VPPC), pp.1182-1187 (2012)

[42] Y.Namekawa, S.Yamaguchi, T.Yamazaki, and Y.Takahashi, Running Management of Single Operator Fuel Cell Vehicle, IEEE Vehicle Power and Propulsion Conference (VPPC), pp.1176-1181 (2012)

[43] Y. Takahashi, R. Matsumoto, and H. Sasai, Mechanical Optimization of Series Hybrid Electric Vehicle with Plant Oil Electric generator, IEEE Int. Conf. on Control, Automation and Systems (ICCAS), pp.107-112 (2015)

[44] Y. Takahashi, R. Matsumoto, and H. Sasai, Natural Energy Low Fuel Consumption Long Distance Electric Vehicle, IEEE Vehicle Power and Propulsion Conference, pp.1-6 (2015)

[45] A. Sudo, Y. Takahashi, Bio Fuel Injection and Generated Voltage Change of Series Hybrid Electric Vehicle with Plant Oil Electric Generator, IEEE Int. Conf. on Control, Automation and Systems, pp. 232-237 (2016)

[46] Iqbal Husaim, Electric and Hybrid Vehicles: Fundamentals, Second Edition, CRC Press (2010)

[47] Mehrdad Ehami, Yumin Gao, Ali Emadi, Modern Electric, Hybrid Electric, and Fuel Cell Vehicles: Fundamentals, Theory, and Design, Second Edition, CRC Press (2009)

索　引

人名

アレッサンドロ・ボルタ ····· 40
ジェームス・ワット ············· 9
トーマス・ニューコメン ······· 9
ニュートン ·························· 3
フェルディナント・ポルシェ
　···································· 18
宮沢賢治 ·························· 14

アルファベット

D

DC-DC コンバータ
　························ 27, 37, 102

E

Electric Double Layer
　Capacitor ······················ 56
EDLC ······························ 55

F

Field Effect Transistor ······ 81

I

Induction Motor ··············· 91
IM ··································· 91
Interior Permanent Magnet -
　Synchronous Motor ······· 90
IPM-SM ··························· 90

M

Membrane Electrode
　Assembly ······················ 33
MEA ································ 33
Metal-Oxide-Semiconductor
　···································· 80
MOSFET ··················· 74, 80
MOSFET を用いた簡単なモー
　タ駆動回路システム ········ 84

N

Ni-MH電池 ……………… 49

P

Polymer Electrolyte Fuel Cell ……………… 33
PEFC ……………… 33
PEFC型燃料電池 ………… 33
Permanent Magnet Synchronous Motor …… 90
PMSM ……………… 90
PWM（パルス幅変調）信号 ……………… 86

S

Surface Permanent Magnet - Synchronous Motor …… 90
SPM-SM ……………… 90

V

Voltaic Pile ……………… 41

かな

あ

アノード ……………… 74

い

一次電池 ……………… 30, 40
インダクタンス ……… 104, 106
インバータ ………… 25, 88, 95
インバータ回路 ………… 100

え

永久磁石 ……………… 89
永久磁石同期モータ ………… 90
エネルギー密度 ……………… 42
エミッタ ……………… 78

お

温室効果ガス ………… 6, 10, 20

か

回生モード ………… 25, 27
回転磁界 ……………… 88
かご形導体 ……………… 92
化石エネルギー ……………… 6

化石燃料 ·················· 6, 9
カソード ······················ 74
加速抵抗 ··················71, 117
ガソリン・エンジンと電気モータのハイブリッド車のシステム構成 ·················· 25
ガソリン車のシステム構成·· 23

き

気候変動 ················ 1, 6, 10
擬似三相交流波形 ············ 96
逆起電力 ······················ 65
逆起電力の応用 ··············· 67
ダイオードの逆方向·········· 75

く

空気抵抗 ············ 71, 117, 118

け

ゲート ························· 83
減速機························ 72

こ

コイルの多重巻 ··············· 63
降圧DC-DCコンバータ
 ·················102, 104

公称電圧 ····················· 42
勾配抵抗 ············ 71, 117, 119
交流同期モータ ·············· 88
交流誘導モータ ·············· 89
交流誘導モータの構造 ······· 93
交流誘導モータの特性 ······· 94
固体高分子膜····················· 33
コレクタ ····················· 78
転がり抵抗 ··············71, 117
コンデンサ ··················· 56

さ

サイクル寿命····················· 43
再生可能エネルギー ····· 28, 31
産業革命 ················ 1, 6, 8, 9
三相交流電流····················· 88
三相交流の波形 ·············· 95
三相交流モータ ·········· 24, 27

し

磁界中の1回巻コイルの回転力
 ························ 61
自然エネルギー ········ 8, 28, 31
重量エネルギー密度··········· 42
重量パワー密度 ·············· 42
瞬時消費電力····················· 30

充電式電池 30
充電制御方式 55
充電・放電管理 52
ダイオードの順方向 75
昇圧DC-DCコンバータ
.... 102, 106

す

水素 20, 21, 27
水素エネルギー・マネジメント
.... 126
水素吸蔵合金 36, 52
スタック 29
滑り 94

せ

整流作用 74
整流子 63
整流子とブラシ 63
セパレータ 33
セル 29, 33

そ

走行抵抗 71, 117
走行抵抗のまとめ 119
総消費電力 30

ソース 83

た

ダイオード 74
体積エネルギー密度 42
体積パワー密度 42
単一電源を用いた極性の切替
.... 99

ち

地球温暖化 1, 8, 10
蓄電デバイスの性能評価項目
.... 42
蓄電デバイスの代表的特性
.... 43
直流チョッパ回路 103
直流電源 88
直流モータ 60, 68
直流モータと交流同期モータの
 関係 87
直流モータの仕様 68
直流モータを用いた駆動システ
 ムの計算例 71

て

電解液 31

電界効果トランジスタ ········ 81
電気二重層キャパシタ
　···················· 27, 44
電気二重層キャパシタの原理
　······················· 55
電磁力の発生············· 60
電池の種類··············· 30
電池の始まり············· 40
電力····················· 30
電力量··················· 30

と

トランジスタ··········· 74, 77
トルク定数··············· 64
ドレイン················· 83

な

内部磁石形同期モータ········ 90
鉛蓄電池················· 43
鉛蓄電池の原理··············· 45

に

二酸化炭素·············· 6, 11
二次電池················· 30, 40
ニッケル水素電池········ 43, 49
ニッケル水素電池の原理····· 49

ね

燃料電池················ 20, 21
燃料電池システムの構成····· 33
燃料電池システムの水素および
　空気の供給システム········ 35
燃料電池システムの例········ 39
燃料電池車のシステム構成
　······················· 27
燃料電池の電気的特性·· 29, 37
燃料電池の発電··········· 29, 31

は

バッテリー················· 25
バッテリー式電気自動車····· 20
バッテリー式電気自動車のシス
　テム構成················· 24
パルス幅················· 86
パワー密度··············· 42

ひ

表面磁石形同期モータ········ 90

ふ

ブラシ··················· 63
ブラシレス直流モータ········ 87

フ

フレミングの左手の法則 60
フレミングの法則を利用した電線の移動 91
フレミングの右手の法則 65

へ

ベース 78

ほ

放電レート 42
ボルタの電堆 41
ボルタの電池 40

ま

マグネットトルクとリラクタンストルク 89

み

水の電気分解 29, 31
水の電気分解と燃料電池の発電 31

も

モータ駆動回路システム 84

ゆ

誘導モータ 91

よ

弱め界磁制御 91

り

リチウムイオン電池 25, 31, 43
リチウムイオン電池の原理 52

単語の英語訳

アノード　Anode
一次電池　Primary battery
インダクタンス　Inductance
インバータ　Inverter
永久磁石　Permanent magnet
永久磁石同期モータ　Permanent magnet synchronous motor
エネルギー密度　Energy density
エミッタ　Emitter
温室効果ガス　Greenhouse gas
回生モード　Regeneration mode
かご形導体　Squirrel cage
化石エネルギー　Fossil energy
化石燃料　Fossil fuel
カソード　Cathode
気候変動　Climate change
擬似三相交流波形　Pseudo three-phase AC waveform
逆起電力　Back electromotive force
ゲート　Gate
降圧DC-DCコンバータ　Step-down DC-DC converter
公称電圧　Nominal voltage
交流同期モータ　AC synchronous motor
交流誘導モータ　AC induction motor
固体高分子膜　Solid polymer membrane
コレクタ　Collector
コンデンサ　Capacitor
サイクル寿命　Cycle life
再生可能エネルギー　Renewable energy
三相交流電流　Three-phase alternating current
三相交流モータ　Three-phase AC motor
自然エネルギー　Natural energy
重量エネルギー密度　Weight energy density
重量パワー密度　Weight power density
瞬時消費電力　Instantaneous power consumption
充電式電池　Rechargeable battery
昇圧DC-DCコンバータ　Step-up DC-DC Converter
水素　Hydrogen
水素エネルギー・マネージメント　Hydrogen energy management
水素吸蔵合金　Metal hydride
スタック　Stack
滑り　Slip
整流作用　Rectification action
整流子　Commutator
セパレータ　Separator
セル　Cell
総消費電力　Total power consumption
ソース　Source
ダイオード　Diode
体積エネルギー密度　Volume energy density
体積パワー密度　Volume power density
地球温暖化　Global warming
直流チョッパ回路　DC chopper circuit
直流電源　DC power supply
直流モータ　DC motor
電解液　Electrolyte
電界効果コンデンサ　Field effect capacitor

電気二重層キャパシタ　Electric double layer capacitor
電力　Power
電力量　Electric energy
トランジスタ　Transistor
トルク定数　Torque constant
ドレイン　Drain
内部磁石形同期モータ　Internal magnet type synchronous motor
鉛蓄電池　Lead acid battery
二酸化炭素　Carbon dioxide
二次電池　Secondary battery
ニッケル水素電池　Nickel metal hydride battery
燃料電池　Fuel cell
燃料電池の電気的特性　Electrical characteristics of fuel cell
バッテリー　Battery
バッテリー式電気自動車　Battery type electric vehicle
パルス幅　Pulse width
パワー密度　Power density
表面磁石形同期モータ　Surface magnet type synchronous motor
ブラシ　Brush
ブラシレス直流モータ　Brushless DC motor
フレミングの左手の法則　Fleming's left hand rule
フレミングの右手の法則　Fleming's right hand rule
ベース　Base
放電レート　Discharge rate
ボルタの電堆　Voltaic pile
ボルタの電池　Voltaic battery
水の電気分解　Electrolysis of water

誘導モータ　Induction motor
弱め界磁制御　Field weakening control
リチウムイオン電池　Lithium ion battery

おわりに

　燃料電池車あるいは電気自動車を原理的な基礎から学んでみたいという読者を想定して執筆した．本書で基礎を理解できた読者は，今度は高度な専門書あるいは技術論文にトライしてほしい．

　本書は，かなり広範囲を扱っている．多くの著書を参考にさせていただき，またデータも転用させていただいた．心からの謝意を表させていただきます．

　筆者の研究室では，長年，多くの学生諸君がロボットシステムや電気自動車システムの試作と研究に熱心に取り組んできた．1年生のときから研究室に参加する学生たちもいる．先輩は後輩を指導し，後輩は先輩をよく手伝っている．この著書も学生諸君との熱いディスカッションの貴重な産物である．学生諸君の熱意に感謝している．

2017年2月　高橋良彦

～～～ 著者略歴 ～～～
高橋　良彦（たかはし　よしひこ）

1980年	東京農工大学　大学院工学研究科　修士課程修了
	工学修士，（株）東芝入社
1995年	東京農工大学　大学院工学研究科　博士後期課程修了
	博士（工学）
現在	神奈川工科大学　同大学院　教授

著書：EE Textシステム制御Ⅰ（共著，電気学会・オーム社，2003）
　　　EE Textシステム制御Ⅱ（共著，電気学会・オーム社，2004）
　　　新教科書シリーズ　ロボティクス入門（単著，裳華房，2004）
　　　製作実習で学ぶロボティクス入門（単著，オーム社，2006）
　　　Service Robot Applications (Editor, InTech Education and Publishing KG, 2008)

ⓒYoshihiko Takahashi 2017

スッキリ！がってん！　燃料電池車の本

2017年　4月24日　　第1版第1刷発行

著　者　高　橋　良　彦
発行者　田　中　久　喜

発　行　所
株式会社　電気書院
ホームページ　www.denkishoin.co.jp
（振替口座　00190-5-18837）
〒101-0051　東京都千代田区神田神保町1-3ミヤタビル2F
電話(03)5259-9160／FAX(03)5259-9162

印刷　中央精版印刷株式会社
Printed in Japan／ISBN978-4-485-60026-9

● 落丁・乱丁の際は，送料弊社負担にてお取り替えいたします．

JCOPY 〈(社)出版者著作権管理機構　委託出版物〉

本書の無断複写（電子化含む）は著作権法上での例外を除き禁じられています．複写される場合は，そのつど事前に，(社)出版者著作権管理機構（電話：03-3513-6969，FAX：03-3513-6979，e-mail：info@jcopy.or.jp）の許諾を得てください．また本書を代行業者等の第三者に依頼してスキャンやデジタル化することは，たとえ個人や家庭内での利用であっても一切認められません．

書籍の正誤について

万一，内容に誤りと思われる箇所がございましたら，以下の方法でご確認いただきますようお願いいたします．

なお，正誤のお問合せ以外の書籍の内容に関する解説や受験指導などは**行っておりません**．このようなお問合せにつきましては，お答えいたしかねますので，予めご了承ください．

正誤表の確認方法

最新の正誤表は，弊社Webページに掲載しております．「キーワード検索」などを用いて，書籍詳細ページをご覧ください．
正誤表があるものに関しましては，書影の下の方に正誤表をダウンロードできるリンクが表示されます．表示されないものに関しましては，正誤表がございません．

弊社Webページアドレス
http://www.denkishoin.co.jp/

正誤のお問合せ方法

正誤表がない場合，あるいは当該箇所が掲載されていない場合は，書名，版刷，発行年月日，お客様のお名前，ご連絡先を明記の上，具体的な記載場所とお問合せの内容を添えて，下記のいずれかの方法でお問合せください．
回答まで，時間がかかる場合もございますので，予めご了承ください．

 郵送先
〒101-0051
東京都千代田区神田神保町1-3
ミヤタビル2F
㈱電気書院　出版部　正誤問合せ係

 ファクス番号 **03-5259-9162**

 弊社Webページ右上の「**お問い合わせ**」から
http://www.denkishoin.co.jp/

お電話でのお問合せは，承れません

(2015年10月現在)

専門書を読み解くための入門書

スッキリ！がってん！シリーズ

スッキリ！がってん！無線通信の本

ISBN978-4-485-60020-7
B6判164ページ／阪田 史郎［著］
本体1,200円＋税（送料300円）

無線通信の研究が本格化して約150年を経た現在，無線通信は私たちの産業，社会や日常生活のすみずみにまで深く融け込んでいる．その無線通信の基本原理から主要技術の専門的な内容，将来展望を含めた応用までを包括的かつ体系的に把握できるようまとめた1冊．

スッキリ！がってん！二次電池の本

ISBN978-4-485-60022-1
B6判132ページ／関 勝男［著］
本体1,200円＋税（送料300円）

二次電池がどのように構成され，どこに使用されているか，どれほど現代社会を支える礎になっているか，今後の社会の発展にどれほど寄与するポテンシャルを備えているか，といった観点から二次電池像をできるかぎり具体的に解説した，入門書．

専門書を読み解くための入門書

スッキリ！がってん！シリーズ

スッキリ！がってん！ 雷の本

ISBN978-4-485-60021-4
B6判91ページ／乾　昭文 [著]
本体1,000円＋税（送料300円）

雷はどうやって発生するでしょう？　雷の発生やその通り道など基本的な雷の話から，種類と特徴など理工学の基礎的な内容までを解説しています．また，農作物に与える影響や雷エネルギーの利用など，雷の影響や今後の研究課題についてもふれています．

スッキリ！がってん！ 感知器の本

ISBN978-4-485-60025-2
B6判173ページ／伊藤　尚・鈴木　和男 [著]
本体1,200円＋税（送料300円）

住宅火災による犠牲者が年々増加していることを受け，平成23年6月までに住宅用火災警報機（感知器の仲間です）を設置する事が義務付けられました．身近になった感知器の種類，原理，構造だけでなく火災や消火に関する知識も習得できます．

専門書を読み解くための入門書

スッキリ！がってん！シリーズ

スッキリ！がってん！ 有機ELの本

ISBN978-4-485-60023-8
B6判162ページ／木村　睦［著］
本体1,200円＋税（送料300円）

iPhoneやテレビのディスプレイパネル（一部）が，有機ELという素材でできていることはご存知でしょうか？　そんな素材の考案者が執筆した「有機ELの本」を手にしてください．有機ELがどんなものかがわかると思います．化学が苦手な方も読み進めることができる本です．

スッキリ！がってん！ 燃料電池車の本

ISBN978-4-485-60026-9
B6判149ページ／高橋　良彦［著］
本体1,200円＋税（送料300円）

燃料電池車・電気自動車を基礎から学べるよう，徹底的に原理的な事項を解説しています．燃料電池車登場の経緯，構造，システム構成，原理などをわかりやすく解説しています．また，実際に大学で製作した小型燃料電池車についても解説しています．